大人學破局思考

FIRST PRINCIPLES THINKING
IN THE WORKPLACE

從 關 鍵 小 事 看 出 職 場 大 局

APPLE
PODCAST
年度熱門節目

大人學共同創辦人
姚詩豪 Bryan
張國洋 Joe
著

suncolor
三采文化

目錄
CONTENTS

目錄
CONTENTS

Part 2／造局：通透向上管理

Part 3 ／ 布局：洞悉同局競合

目錄
CONTENTS

Part 4／格局：掌握升級關鍵

結語

作者序

用破關的心，面對職場的局

——大人學共同創辦人 姚詩豪 Bryan

從小到大我一直有個奇怪的習慣，就是工作壓力愈大，玩得也愈兇。就像我在創作這本書的時候，也是我拚命玩《戰神》（SONY發行的動作冒險遊戲）的時候。當書稿接近尾聲，我的《戰神》也跟著破關了！

不過隨著年齡增長，同樣是打遊戲，內心感受還是不一樣的。年輕的時候只想著破關，但現在的我，除了握著手把過關斬將，偶而也是會藉著遊戲的體驗，思考人生的哲理。遊戲是一個人為打造的世界，玩家在裡面要不斷累積籌碼（武器、寶物、經驗值……），經歷重重挑戰，解決各種問題，最後才能取得自己想要的戰果。回頭看看這段文字，如果用來描述我們的人生，似乎也通，不是嗎？

只不過，對多數成年人來說，玩遊戲的體驗，以及過人生的體驗，可是大不相同！

玩遊戲時遇到困難，我們會努力克服，不管是更換武器、變換招式，或是上網搜尋攻略、去論壇求教網友，總之各種嘗試非要找到解法不可。但是反觀工作，多數人卻很少有這樣的衝勁，更多的是抱怨、無奈、焦慮，並且消極地期待下個工作會更好。

我常在想，玩遊戲就算過關了，也沒有什麼實質的好處可言，更別提還要花錢買遊戲，我們卻樂此不疲。但上班這件事，明明可以獲得財務回報與社會地位，為什麼卻讓許多人不由自主地想逃避，尤其是在遇到困難與挫敗的時候？

關於這個問題，我目前有三個結論：

・心態不同

對於玩遊戲的我們來說，不管這個遊戲的沉浸感有多高，我們都知道這不過是個遊戲，遇到需要冒險的關卡，可以事先存檔；就算挑戰失敗，也可以重來，沒什麼大不了。但面對工作可不一樣，我們深信失敗了可不能隨便重來，於是「得失心」便取代了「玩心」，讓我們變得患得患失！

・挑戰不同

遊戲幾乎都是公開發行，很多人都玩過，其中不乏高手。所以遇到困難我們不怕，因為只要上網搜尋，肯定可以找到攻略，甚至有Youtuber或直播主玩一遍給你看。然而在職場裡，我們深信自己面對的挑戰都是獨一無二，我們不相信有標準的攻略可以參考；就算有，我們也不知道如何搜尋，所以工作上的挑戰讓我們特別焦慮。

・動機不同

打遊戲看似沒有實際回報，頂多就是過程中的樂趣，還有關卡全破之後的成就感，似乎比不上工作帶來的薪資與地位。但很顯然地，遊戲的樂趣與成就感，往往比工作獲得的薪酬獎勵，更能激勵人心！關於這一點，上世紀的美國心理學家赫茲伯格（Frederick Irving Herzberg）早就證實了。樂趣、成就感這類的「內在動機」往往能讓人堅持他們所做的事，比起薪資、地位這類「外在動機」，效力更強，也更持久。

成立「大人學」以來，我跟Joe很榮幸獲得許多夥伴的信任，他們之中有上班族、有學生、有創業者，紛紛帶著職場難題來徵詢我們的看法。過程中我們常常提到「局」這個字，其實目的就是想告訴大家，遊戲是個「局」，職場也是個「局」，雖然表面上是不同的東西，但如果我們能做到以下三點，那麼，許多工作上的困難，就有機會迎刃而解；至於「工作與生活如何平衡」這道難題，也將變成「工作如何為生活加分」！

①調整我們的「心態」，願意放膽在職涯中進行各種嘗試與突破；

②積極面對「挑戰」，試著借用前人的經驗幫我們克服困難；

③轉換我們的「誘因」，讓工作從朝九晚五的無奈，轉變成為豐富人生的舞台。

多年來我們與提問夥伴間累積了許多這樣的問答與對話，相當珍貴，我們也一直在思考該如何把它們留存下來，讓更多需要的朋友知道。我們發現Podcast是個很好的媒介，於是從二〇一九年我用手機錄下第一集節目開始，《大人的Small Talk》一直持續至今。除了在各大排行榜名列前茅，也讓我們有機會認識更多的朋友。

這本書是我們想送給大家的一個禮物，把節目中與職涯相關的議題整理、改寫成書，希望可以陪伴大家在職場的這條路上，一起成為不敗的「戰神」！

姚詩豪　二〇二三年

作者序

懂局，把職場這個遊戲玩得更好

大人學共同創辦人 張國洋 Joe

我母親大概在我幼稚園的時候，開始教我象棋。他並不是帶我玩那種偏重運氣的暗棋，而是教我要用到整個棋盤、兩人得謀略對戰的正統版象棋。

一開始我當然棋力很差，眼睛只盯著我要移動的棋子的前後左右，好不容易得意洋洋地吃到了媽媽的砲，才赫然發現他居然瞬間吃掉我的車。他跟我講：「你永遠不能只盯著眼前，你要看懂下一步，以及接下來的兩步。」

慢慢地，我學會在每次移動棋子時，不只得看著眼前，還要思考落子處周圍的局勢。因為下棋時，你面對的不只是眼前的那個砲，旁邊的馬、車、象、士都可能造成後續的危害。

當注意區域的眼光慢慢有了，我才發現其實下棋還得看全局。因為好不容易手忙腳亂地鞏固好了左邊，右邊卻被媽媽簡單攻破。於是又得訓練自己在每次移動前，先從「整個盤面」來做思考：下棋時兵力的平衡、如何透過犧牲換取合宜的利益、如何隱藏自己出兵的意圖，這些其實都得從整體來做規劃。

他這樣訓練了我幾年，慢慢地，我從只看一個棋子，到能顧及一個區塊，再到能看到自己領地的局面，最後終於能把眼光拓展到整個棋盤。這個歷程對我而言，真是受用一輩子的訓練。

成年之後，尤其後來從事顧問工作，常常有人問我，為何你總是能快速掌握某些關鍵？我才想到小時候的下棋訓練，或許已經根深蒂固成為我的底層思維。這習慣讓我無論是進入職場或是創業經營，我都會告訴自己：「你不能只盯著眼前，而是要讓自己盡快退後看懂整個全貌。」一旦習慣做這樣的事情，其實就掌握了「局」：也就是迅速掌握事物全貌的能力。

也因此，雖然很多人總感慨自己不太會思考，但我總是安慰他們不要悲觀，因為我從不覺得視野與思考能力是天生的。

當然，也許有些人就是天生聰明，但就算你不是，其實也不用灰心，因為視野與思考能力可以後天訓練：無論是透過下棋來讓你慢慢拉高視角，或是透過別人傳授你「遊戲規則」來進一步了解所處環境的全貌。

但大部分人的可惜之處，在於沒有訓練，於是人生容易只看著眼前。好比水族箱的金魚一般，看到食物就往上衝、碰到風吹草動就到處逃竄。

但如果水族箱的金魚得以理解一些更大格局的規則，就能預知事情會怎麼走：早上九點主人起床了，所以會有人投食物，應該先等在附近；而晚上六點他們一家回來了，所以水族箱底會亮燈；晚上八點他們看電視，所以旁邊的音響會啟動一個小時，以至於水面會出現擾動……。知道接下來會如何，就可以遇事不慌張，也不用每天擔心受怕。

在職場上也是如此。

老闆挑剔你的報告，其實是因為你沒講他的語言；你覺得自己盡心盡力，升遷機會卻被別人搶走，或許只是因為你沒搞懂公司高層的評量重點；你覺得自己好像很好相處，但同事都沒有給你好臉色，這搞不好是你從頭到尾都把人際關係的經營重點放錯了；而你覺得自己的職位不受重視，有可能是因為公司的商業模式讓你這職位注定不受高層關注⋯⋯。

這本書，就是一本我們談職場遊戲規則的書。其中的內容，是我們自二〇一九年二月創設《大人的Small Talk》以來的精華整理。我們精選出跟職場有關的內容，並以一種更容易理解的順序來編排，目的是讓所有對職場這棋局覺得艱難的朋友，能有機會拉升思考的高度。畢竟職場的各種難關，其實並不是隨機的問題，而是類似象棋一般，背後有規則、有脈絡，也有相對較好的應對方式。

無論你是已經有好些工作年資的朋友，或是才剛剛進入職場，都能拉升自己的視野。我們很期待大家透過這本書，得以更清楚理解職場中的這幾個面向：

・遊戲規則

職場和象棋一樣，其實是有遊戲規則可循的，並不是你橫衝直撞地亂闖就能贏。老闆有老闆看事情的角度，客戶有客戶的需要，同事有同事的期待，而創造價值、滿足期待的能力，是你能不能在這個遊戲中勝出的關鍵。所以我們要跟大家談規則。

・人性理解

職場的關鍵是搞懂其中每個人的想法。老闆不是故意找你麻煩、同事不是故意為難你，只要你理解開關在哪裡，職場上大家其實就會自然而然對你友善。所以我們要跟大家談談別人在職場中到底要什麼。

・預測動向

當你知道脈絡、理解規則、清楚接下來的可能動盪，你就會更心安，甚至能預先做出對的事情。就像象棋高手一般，對方動了「馬」，我就已經猜到對手接下來三步甚至五步的可能動向。當這些都掌握在腦海中了，我們當然就能遇事不慌亂，因為你會知道某些事情最後的變化，甚至還可以先出手防堵可能的問題與狀況。所以我們也要跟你談談，你該怎麼行動與因應。

當以上這些你都理解了，你就會明白該怎麼把職場這個遊戲玩得更好，也會更清楚怎麼向上管理、了解老闆的需要，並預先布局；你會更知道同事要什麼，讓你能精準地協商合作；萬一碰到突發狀況，你也能從更大的格局去思考如何處理；甚至碰到一些帶有惡意的同事，你也知道怎麼影響對方，讓他收斂或是聽話。

更重要的是，你會有一條明確的職涯之路，你不會只看著眼前。你將學會看懂一對一的人際互動，再看懂小組間的人際關係，進而看懂你部門的狀況、看懂你公司的狀況、產業的狀況，甚至能以此定出你自己的人生與成長目標！

這些有了，我們就能在職場這棋局中更優雅、更自在地洞燭先機，進而從棋子蛻變成棋手了。

祝福大家。

張國洋　二〇二三年

Part 1

開局：

解構職場僵局

努力，卻做不出成績
職涯，似乎卡住了
問題究竟出在哪裡？

職場上，人就像眾星
有各自的質量、引力和軌道
唯有探索大局，看懂整體運行的規律
工作才會更開心，也更能找到自己的價值跟契機

正視終將面對的局

”逃避雖然可恥，但有用？“

不少人都跟我提過，他們很懷念小時候或學生時代。我自認學生時代過得還滿辛苦的，所以從沒有這樣的感覺，但我可以理解為何很多人會對那個時期感到懷念。畢竟年紀小的時候要煩惱的事情少，如果家境優渥一些，吃得飽、穿得暖，除了讀書與成績，確實無憂無慮。

但隨著年紀增長，我們要做的選擇愈來愈多，比方說大學要選校選系、畢業後要考慮是否繼續進修，或是決定做什麼工作、職涯如何發展。其他像是選擇交往對象、是否結婚、是否生小孩，或是要不要買房、買在哪裡；而為了投資理財，還要搞懂金融、搞懂國際局勢、理解政治；若生了小孩，則又有更多問題冒出來。

多數人面對人生的各類選擇，要不就是隨便選，要不就是想著有沒有機會不要選。這其實也不難理解，畢竟做選擇確實不容易。不過，我對這個主題，倒是一直有個概念想跟為此所苦的人分享。

長大後，要思考的問題確實變多了，但是**這些最終讓我們卡住的問題，其實不是因為「長大」才冒出來的，而是一直都在**。唯一的差別在於我們年紀比較小的時候，可以透過一些方法暫時迴避這些問題。

但暫時閃掉，並不代表這些麻煩的問題就此消失，終究有一天還是要面對。就像蛀牙一樣，輕微疼痛時你可以丟著不管，吃吃止痛藥就好；但等哪天劇烈疼痛，止痛藥再也壓不住了，你就非處理不可了。

人生中也有很多相似的例子，比方說在學生時代，父母、老師很可能會告訴我們：「你年紀還小，學生的職責就是好好念書。」甚至三令五申要求我們別交男女朋友。如果你是個好學生、乖乖牌，剛好對談戀愛又沒有太強烈的渴望，你可能會把這種要求當真，埋頭苦讀，卻沒跟異性有太多互動。

好不容易學校畢業、開始工作以後，可能父母親友問起，或你想找個伴了，這時候才發現自己和異性互動的經驗很少，根本搞不清楚異性在想什麼，即使勉強約出來，一、兩次後對方就冷淡了，更別說要交往、結婚。但與異性相處的問題其實一直都在，只是小時候我們沒有觸碰，因而一直不知不覺罷了。

再舉一個例子：你可能對人際關係沒那麼敏銳，但是在學生時期，你可以靠功課好來規避這個問題。因為即使你跟別人不太合，但只要成績名列前茅，老師還是會對你寬容；而同學雖然未必喜歡你，但你若把重心放在課業，下課、放學都跑去補習班、圖書館，就算不太跟同學往來，你往往也不覺得有什麼困擾。可是離開學校後不看課業了，人際關係突然變成職場上出頭的必要技能，這時候，除非你是技術天才，不然你的人際遲鈍將沒人能夠忍受。於是，你會「瞬間」覺得，怎麼突然每個人都變得好難相處？

如果你的覺察意識還不夠，沒有立刻嘗試改善，很可能就會遭遇職場上的排擠；甚至換了好幾個工作，同樣的問題還是一再發生。

如果可以，這些人生課題恐怕盡早面對比較好，因為時間拖得愈久，你的空間愈少。不管是搞懂異性、定出職涯計畫、提升人際關係、培養閱讀空氣的能力、鍛鍊更宏觀的思考模式，甚至只是讓自己多學習各類知識與技能，道理全都一樣：**愈年輕，時間愈多，也就有愈多的餘裕去學**。

只是說來悲哀，很少人會教我們這個概念，所以我們通常就是不知不覺，或甚至更糟糕的：不去改善做事的方法、策略，卻靠「更認真」來換。

台灣社會不是經常強調「愛拚才會贏」嗎？於是很多人發現事情不順利的時候，就會想：「我靠時間跟他拚。」比方說工作做不完，那就加班。

雖然工作難免會有突發狀況，偶爾需要加班，但如果你到了某個人生階段，卻發現工作總是做不完，必須靠著不斷加班來彌補，別懷疑，這已經是人生出問題的徵兆了。要不就是你處在不對的職場環境中，要不就是你已經到達一個超出自己能力範圍的位置了。

加班固然可以讓你「表面上」看起來沒問題，但只要時間拉長，問題終究無可迴避。而且「加班拚一下」是惡性循環，既會排擠你的休息與學習，也會減少你跟家人相處的時間，而且在底層問題沒有化解的狀況下，最終一定會導致你的生活狀況百出。

說來悲哀，但你或許可以把人生想像成自己被關在一座水牢中。這座水牢的四面都是牆壁，地上則放著各類工具，雖然牆壁持續滲水，但速度非常緩慢，可能要花個三、四十年才會將你淹沒。乍看之下，這座水牢不構成威脅，然而，如果不想辦法找個出路，你終究會被淹沒。

大部分人的警覺性不高，水位在胸部以下時都不以為意，非要等淹到胸部以上才開始緊張。可是這時候，很多工具與選擇已經被淹掉了，能選的往往只是所謂的「退而求其次」。

如果不想陷入這種困境，你必須把握時間，盡早正視人生課題，不要等到年紀增長卡住時才來思考。假如更早有足夠的風險意識，懂得投資自己來成長學習，那麼就算年紀增長，你多半也累積了足夠的技能，或是改善了自己的弱點。如此一來，職涯就能少走一點冤枉路，人生的阻礙也能少一些！

大人的 Small Talk

1. 多數人面對人生的各類選擇，要不就是隨便選，要不就是想著有沒有機會不要選。
2. 對於無從迴避的人生課題，我們通常不知不覺，或是不去改善做事的方法、策略，想靠著「更認真」來換。但底層的問題不解決，「認真」常常只是在錯誤的方向上努力。
3. 如果不盡早面對人生課題，時間拖得愈久，你的空間就愈少，能選的往往只剩所謂的「退而求其次」。
4. 愈早開始投資在成長學習，效益愈高，到了職涯下半場更能享受累積的成果。

用餘裕突破僵局

「吃不飽也餓不死，更拚一點就行？」

我曾經看過一則報導，訪問一對加盟便利商店的夫妻，他們的營收狀況不如預期，為了撐下去，兩人每天都吃商店裡賣不掉的即期食品；甚至在很拮据時，請不起工讀生，兩夫妻一人上早班、一人上晚班，輪流顧店十二個小時。

兩年後，這間加盟店還是關門大吉，記者問夫妻倆當初為何苦撐、不早點放棄？他們說，之前雖然賺得少，但好像拚一點也還可以繼續下去，於是兩人繼續增加工時、想辦法減少開支，可惜最後還是沒辦法翻轉營運……。

我對這個回答很震驚，工作、創業都有「殭屍狀態」，人生也有，而「這對夫妻的困境／這間便利商店的景況」正是**典型的殭屍狀態：吃不飽也餓不死，雖然還沒到絕對的失敗，卻也看不到前景**。

殭屍狀態最可怕之處，是會讓你溫水煮青蛙，待在錯的環境中很長一段時間。譬如報導中的便利商店，如果是開店完全沒有客人，每月進貨完全賣不出去，一個月慘賠十萬，那麼持續三、五個月後，絕大多數人都知道自己應該停損。

偏偏這間便利商店沒有經營得好，卻也沒有死透，他們夫妻倆每個月小賺一、兩萬元之後，會懷疑也許是自己不夠拚。如果多拚一點，盡量吃剩下的便當、少請幾個工讀生，每天工時拉長一點，好像一個月也能有三萬、五萬元獲利。然而，這樣拚下去後，他們每天花大把時間輪班看店，於是時間緊繃、但經濟上還是拮据，更沒有餘裕可以好好行銷、拓展客源、思考策略，更別提嘗試學習新技能。這些停滯了，也就不會有增長的可能性，一旦哪天大環境惡化，就會徹底陣亡。

不少上班族也是一樣。如果到一家公司報到後，發現公司接不到案子、東西賣不出去，老闆喜怒無常、同事都有本位主義，自己只是不斷被壓榨，到了極限之後，大概就會選擇離職。

可是更多人進入職場後陷入殭屍狀態，工作很多、很雜，就算加班完成這些事情，也沒有成就感，而且被工作填滿後，沒辦法做有價值的事情；不斷被逼著救火，也沒辦法有多餘的時間、心力充實自己。別說掌握新技能了，往往連健康都顧不上。

而且，大部分的人只要一忙碌，就很容易自我催眠，明明是殭屍，還會安慰自己：已經很積極、很努力了，再拚一點就可以過關、事情會慢慢好轉的……。

但不會，真的不會！雖然因為每天努力加班，會自我感覺很充實，但這其實只是讓你逐漸變得平庸。

若想要對抗平庸，就要有意識地增長，讓自己有餘裕，花時間去做那些重要但不緊急的事情。而有意識地增長，不是為了要讓自己變成有錢人，而是希望有一天，你可以有更多選擇，可以優雅地做想做的事情。

如果你有人生願景，那「增長」將讓你得以一路穩當地往願景邁進；就算你沒有人生願景，單純想當一條鹹魚，那很抱歉，你還是需要增長，唯有增長到一定程度，才能妥當地當一條鹹魚。

大家應該都聽過艾森豪矩陣，把待辦工作依照「緊急」和「重要」區分成四個象限，而時間管理的關鍵，是有意識地分配時間給「不緊急但重要」的事情：投入這類事情不會有立竿見影的成效，你不會今天進修、明天就被老闆加薪；更不會今天運動、明天就長出六塊肌。雖然你暫時不做那些「不緊急但重要」的事情也沒關係，然而，當你從來不洗牙，總是嚷嚷自己忙到沒時間定期去牙醫師那邊報到，時間一拉長，牙齒就會開始不舒服，那時候，看牙齒就會變成緊急又重要的事情。

這就是「餘裕」的重要性。當你有時間，一定要處理那些不緊急但對將來人生很重要的事情，人生的時間管理是如此，職涯的經營管理也是。**所謂**

的「增長」就是在有餘裕時，超前部署，準備好下一階段的收入來源或是技能需求。

如果你是決策者，經營公司更是這樣：你有目標，當然要努力達成；就算沒有目標，只是把開公司當成營生，也是要鞏固餘裕。這意思是：當你有一個產品賺錢的時候，要思考萬一這件明星產品退流行了該怎麼辦？所以會有必要想第二個產品。等你孕育出第二個之後，就要思考第三個，或是要研發新技術、新的商業模式等。

當你增長，就會讓自己有因應風險的能力，這能力幫助你得以適應市場變動、戰勝不景氣，這一切都需要反覆嘗試，而且必須是在你做得好、有經濟和時間上的餘裕的時候，就來想下一個目標，而不是等問題出現時才來想，那時通常已經來不及了，所以你必須在問題出現之前就想好，這樣問題發生時，才能從容因應。

換言之：**你有餘裕時，就要靠這個餘裕來建立更多餘裕**，而餘裕就來自於增長。

一位朋友曾經稱讚「大人學」很厲害，因為當臉書粉絲頁的效果下降時，我們的Podcast卻排名很前面；他揶揄：「大人學運氣太好了！」我聽到的時候笑了。他講的其實也沒錯，這是好運氣。但關鍵在於，我們是在有餘裕的時候，不斷嘗試開拓不同的道路，也才有機會獲得好運氣。

我們在二〇一八年開始嘗試直播、錄Podcast、經營YouTube、Clubhouse、Instagram、臉書社團等，這些嘗試的結果沒有不好，但唯有Podcast成效比較明顯。嚴格要講，勝率也沒有很高。只是我們趁著有餘裕時不斷嘗試，最後中了一個而已。這與眼光完全無關，不過是餘裕帶來了餘裕。

如果試了很多路，找到其中一條是康莊大道，那正是找到了下一個增長點；可是如果什麼都不嘗試，或是只嘗試一條路，希望賭對運氣，那就要運氣非常好。甚至很多人是等到自己真的進入殭屍狀態，才想要嘗試，但那往往就來不及了。

結論是，如果你站在決策者的高度，趁著有餘裕的時候，趕快想辦法找到第二條曲線；這並非一嘗試就能找到，而是需要嘗試很多次。想要這麼做，一定需要趁還有餘裕、賺錢的時候、比較清閒的時候，才能做這些事情；若是等狀況不好才想投注時間、心力、成本來嘗試，大概也沒有其他餘裕來追求增長。

面對個人的職涯也是如此。正確理解什麼是增長，早一步開始做對的事情，讓自己累積餘裕，等你邁入四、五十歲時就會發現，日子可以過得輕鬆又優雅。

1. 不論是上班、創業，還是只想當一條自在的鹹魚，都需要增長。
2. 增長不是為了當有錢人，而是為了可以有更多選擇，有一天可以優雅地做自己想做的事情。
3. 增長就是「增加餘裕」，需要有意識地分配資源給「不緊急但重要」的事情，避免被各種「緊急但不重要」的事情給卡死。
4. 每當有了一點時間、金錢上的餘裕，務必超前部署、多方嘗試，找到下一個增長點，才能「用餘裕創造更多餘裕」。
5. 殭屍狀態就是「工作勉強撐得住，餓不死但也吃不飽」，這反而最危險。
6. 單靠「拚一點」並無法翻轉殭屍狀態，因為時間、心力或金錢都很緊繃，根本沒有餘裕替未來作準備，一旦大環境惡化就完了。

讀懂職場這一局

為何全力以赴，卻成了雞肋？

上班想要努力，卻時常阻力重重、很多人不配合，導致自己總是白費力氣，無法做出預期成果。是因為職場太黑暗，還是有什麼地方自己沒有搞懂？這是很多上班族碰到的問題，而從以下這位學員的職涯困境中，我們或許可以找到解方。

幾年前，我去深圳講授專案管理，課後有位女學生一臉焦慮地向我求助。他在某個產業商會工作，而這個商會主要由政府單位鼓勵民間企業組成，所以，主要關係人是政府官員及成立商會的大老闆們，大老闆們分別掛名商會的理事長、祕書長、執行祕書等要職。

因為商會剛成立，最重要的專案是「召開社員大會」，必須聯繫超過數百位會員，而這個女生是整個商會裡唯一的正職員工，他積極想把這個專案做好，但他只是一個小小的行政人員，不僅需要很多資源，也需要大老闆們來領導協作。可是，每次請求協助時，大老闆們都意興闌珊，不動手也不給資源，甚至連基本資料都很難要到。他沮喪地說：「老師，您教的專案管理方法非常好，可是如果沒有這些大老闆們的配合，單憑我一個人是沒辦法做完的。有沒有什麼其他的方法？」

我一聽便心裡有數，說出了我的分析：「你現在面臨的，不是專案管理的問題，而是組織的問題。如果你真心想做事、想學會專業技能，現在這個工作並不適合你。也就是說，我建議你應該離職換環境。」

他眼睛瞪得老大，大概是心想：「老師怎麼會講出這麼勁爆的建議？」

我繼續說：「你必須思考這個商會存在的起因。為什麼這些在政府捧鐵飯碗的官員，或這些拚命賺錢的大老闆，會想要花時間、花精力，甚至花錢來組成這個商會？而且，為什麼只有你一個人是正職員工？為什麼真正有權力的人只掛名卻不來上班呢？」

「老師，我從來沒有想過這些問題⋯⋯。」

對所處的環境欠缺了解，是很多上班族的罩門。為什麼我會知道？因為我年輕時也遇到類似的困境。

我繼續分析給這位女生聽：「你所在的商會很顯然對政府單位有好處。根據我的經驗，大部分政府單位都有ＫＰＩ，比方說促進『業界發展』或『振興市場』；所以，政府官員得做點事，商會是其中一項具體指標，如果這個政府官員在任內籌辦了商會，有很多工商大老來參加，他就能向上級交差：『你看，當初承諾的，我都做到了。』」

然而，官員們無法憑藉一己之力籌措商會（需要錢跟人手），肯定需要業界幫忙；而大老闆賺錢都來不及了，為什麼他們要花時間來投入這個商會？原因很簡單，大概有二點：

第一，是建立政府人脈。不管在哪個國家，做生意都必須符合許多政府的法規及監管，或者申請許可跟認證，這些都有賴和政府官員協調，事情才會更加順利；所以，商會是很好的場域，能讓大老闆和政府官員有密切交流。簡單講，這樣的商會是不同角色之間的協作，也是建立人際關係和親密度的好方法，除了成就人際關係，還能幫助政府官員完成ＫＰＩ，這真是魚幫水、水幫魚的好事，大家都有好處。下一次，大老闆們想快點通過某個法規，或想加速申請什麼許可，自然會方便得多。

第二，是建立社會地位。很多大老闆白手起家，過去沒有社會地位，現在好不容易有了「錢」，接下來就會想要「名」。如果能參與社會上有頭有臉者的聚會或派對，甚至在媒體被冠上「某某商會理事長」、「某某協會祕書長」，這樣的頭銜是錦上添花，讓他們的角色更中立、觸角也更廣。他們不再只是「某私營企業的老闆」，而是「某某商會的理事長」，這之間的差距是很大的。

基於以上這兩點，當政府想要辦商會時，大老闆們多半會傾力相助。然而這樣的商會只要註冊成立，並在媒體曝光後，這些大老闆和官員心中的目標就完成了百分之八十。說得直白一點，他們的真正目標只是商會那塊招牌，還有名片上的頭銜而已！

至於這個商會之後想要擴大、想蓬勃發展、想招募成千上萬名會員，進而擁有巨大的影響力，固然也是好事，可是當你滿足了百分之八十的目標後，其他小目標還會趕著完成嗎？自然是一步步慢慢來囉！這也是為什麼商會成立後，只僱了一人當正職員工的原因。

可是，這位女生卻以為手上的專案是當下最重要的事，並當成是他在商會的最大目標，但他的努力只是一頭熱，這份積極沒能符合大老闆們的期待，大老闆們當然也就只是冷淡回應。於是乎，**他在沒有了解局的狀況下，變成權力最小，卻最在意這個雞肋專案的苦主**。

我告訴他：「你有兩條路，第一，如果你真心想多累積專業技能，或扎實的工作技巧，我強烈建議你趕快離開。」我指了一下窗外的騰訊大樓（中國規模最大的網路公司），繼續說：「如果你想跟厲害的人學習和共事，騰訊那類的公司更能滿足你，你不應該待在這裡。」

講著講著，他流下了眼淚。我嘆了口氣說：「如果你想待下來，也不是不行，我給你第二個建議：換個局的方式來思考。」我引導他，能與這麼多大老闆一起工作，也是個難得的機會，不如把這些企業家當成叔叔、伯伯、阿姨，當他們的小幫手，多跟他們接觸，建立私人的情誼。

如果這些大老闆們能對他留下不錯的印象，說不定會分享社會經驗、人生歷練，甚至提供創業機會。「多多建立人際連結」，反而是這份工作上能獲得的最大價值！

我繼續安慰他：「你周圍有二十位大老闆，都跟你維持非常好的聯繫跟互動，還會怕找不到下一份工作嗎？」至於專案，還是可以盡力做，卻不用「皇帝不急、急死太監」，只要適時回報狀況就好，如果那些大老闆沒有幫忙、沒有給資源，也不用逼他們，以免造成人際關係緊張。

多數員工總覺得，把老闆交辦的工作努力做好，才是稱職。可是包括以前的我在內，員工們很少去思考，今天所在的這個組織，其整體結構是什麼？為何大家會來辦這個組織？這中間牽涉到很多不同人的動機，還有他們之間利益的交換，如果不能稍加理解，就很容易陷入這位女生的困境：想要努力，卻總是白費力氣。

我這些年來幫助許多年輕朋友解決職涯困惑，萬變不離其宗，都是「看懂局，了解職場的遊戲規則」。這就好像玩線上遊戲，在遊戲的初期階段會有「新手村」，提供一系列簡單的教學，幫助你了解遊戲如何得分、如何過關、每個角色的特色是什麼，又該怎麼樣找到最好的路徑來完成關卡。

相反地，如果沒搞懂職場的遊戲規則，只是埋頭做自己認為對的事，卻無法獲得團隊的支持，久而久之，便容易憤世嫉俗、心理扭曲，認為職場太黑暗。但其實，每個人追求自己想要的，本來就是天經地義，你的同事是盟友還是敵人，很多時候取決於你是否掌握了大局。

想要工作更開心，獲得滿意的成果，不能只靠埋頭苦幹，更要多花點心思了解職場的大局，先掌握好遊戲規則，你的努力才不會白費，你也更能從自己所屬的環境裡面，找到未來的價值跟契機！

大人的 Small Talk

1. 思考自身所在的組織，其整體結構是什麼？為什麼大家會來辦這個組織？
2. 看懂局，努力觀察，並掌握職場的遊戲規則。
3. 如果沒看懂局，只是埋頭做事，結果所有人都不配合，久而久之，便容易憤世嫉俗、心理扭曲。
4. 探索大局，工作才會更開心，也更能從所屬的環境，找到未來的價值跟契機。

開局，先與老闆同步

提出完美方案，為什麼老闆不滿意？

想在公司裡推動事情，不論是一個構想、一項計畫或一個專案，到底應該怎麼做？很多人對這個問題感到困惑，而且往往直接從「技術」的角度去尋求答案，專注在開發工具或工程規格等。不過，這些技術其實都只能算是「比較後端」的事情，最重要的關鍵，需要往更深一層去看。

關於這點，我想從一個案例來談起：曾有一位署名「凱莉」的聽眾來信提問，內容大致如下：由於業務單位的需求，他向董事長提出建置臉書粉絲專頁的初步構想，並在得到同意後開始進行細節規劃。

他知道董事長很忙，所以默默揣摩了董事長或許會在意的重點，包含要怎麼做、要花多少錢等，還製作了簡報，也事先跟各單位溝通，納入各部門需求，並依據各單位的建議反覆調整提案。甚至正式向董事長報告前，還依據董事長過去習慣會問的問題準備了二十道QA模擬問答。他想說，應該可以一舉成功吧？

但沒想到花了非常多心思準備了簡報後，董事長聽完卻說他搞不懂這份方案的重點，甚至大發雷霆，讓凱莉百思不得其解。他很想知道，要如何說服年長的高層接受新的行銷方式？

坦白說，凱莉的做法是年輕朋友很直覺的想法，一方面想說自己推估，不要打擾老闆；二來多方詢問，想說要考慮各部門的感受。但這個做法其實常常會讓你繞路。因為，儘管凱莉有嘗試站在董事長的角度思考效益、花費、可行性等問題，但這整件事如果可以重來，一開始其實更該試著「多做一件事」。

如果是我的話，我在向董事長提議建置粉絲專頁並獲得首肯後，我不會先急著埋首規劃執行細節。相反地，我會努力嘗試看看是否有機會跟董事長繼續聊聊（或再約個時間談談），理解他對於行銷或粉絲專頁經營的看法，比方說，他對行銷或網路行銷熟不熟悉、有什麼想法？他又期待透過做這件事達成什麼效益？他既然答應推進，應該有個期待我們最後要達成的效果。也就是他眼中的成功，到底是什麼樣貌？

身為上班族，有時一不小心就會用自己的想像來思考跟做事，例如以「經營粉絲專頁」來說，很多人會直覺認為背後目的一定是要拓展公司的知名度，或是要取得很多網友的互動等，但也許還有另一種可能性：老闆其實希望「經營粉絲專頁」能立刻跟營業額直接連動，也就是大家看到內容後會趕快下單。或者，老闆也可能有其他更多我們根本沒想過的目的。結果他沒在凱莉的詳細提案中看到自己最想要的東西，當然就會不開心。

也因此，**若沒釐清老闆的期待就先著手規劃細節，那麼後續被否決的機率當然很高。**

換言之，既然這件事情一開始在概念上獲得了董事長的首肯，表示他有被某個點打中、認為可以試試看，而凱莉身為員工，這時其實應該先跟董事長「同步」，搞懂他對於行銷的想法和期待、搞清楚他對結果的想像，並依據這些來規劃粉絲專頁；甚至若有必要，還可以分階段來設計。

所謂「分階段設計」的意思是說，雖然我們內心對於粉絲專頁要有長線的布局，但實際執行時未必要一步到位、所有功能跟特色一次做足；相對地，我們可以先一階段、一階段做出一些短線的成就，讓老闆看到成效、感到安心，這麼一來，老闆也更有可能願意支持我們長線的布局，讓這整件事愈做愈好。

再來，唯有做好前期的「同步」作業後，我才會向其他單位匯報。而且所謂「匯報」並不是徵詢大家的意見，而是讓大家知道「董事長最在意的是這個」，所以請各部門分別提供支援來完成這件事情。待確定各部門可以支援到什麼程度、大家怎麼分工後，再將完整的規劃呈給董事長，請他允許推進到下個階段。

甚至還有另一種做法，就是當我們心中有個初步規劃時，先不跟各單位匯報，反而是先跟董事長報告、確認。確定目前的規劃方向跟他的想法一致之後，再跟各單位聯繫，一起推進這個專案。

然而，凱莉太早跟其他單位整合，而沒有先確定董事長的期待。當整合過程中沒有高層的意志和背書時，其實很容易發生一個狀況：那就是每個單位提出各自的想法，比方說業務部希望讓他們作業更方便，技術部希望減少一些複雜度，降低他們的工作量等等。最後，這個方案常常就會變成一個「多方妥協」的結果：四不像又重點不明確。

可是最大的問題就在於，多方妥協的方案未必是董事長心中想像的好方案，於是會演變成凱莉碰到的狀況：各部門都開心了，董事長卻暴怒，覺得他的期待在這個提案中根本沒有被滿足，或不理解大家到底在規劃什麼。

也因此，我想提醒讀者的是，下次若碰到類似這樣的狀況，**第一優先是試著了解老闆背後的考量和期待，再來整合各單位**。這將大大降低做了一大堆、老闆反而更不高興的機率！

既然談到公司的決策機制，我也加碼分享一個許多上班族沒搞懂的概念。若能理解這一點，在職場上也許會過得比較輕鬆。

這概念是這樣的：公司經營並不像一個國家、社團或是NGO，很多人（尤其是工作年資比較短的朋友）可能因為從小受到的教育提倡民主、接納多方觀點，所以會認為公司應該以多數人的意見來前進。但事實上，公司本來就是私人機構，或者更白話一點，是股東或老闆自己投錢想呈現自身意志的地方。

也因此，公司的所有決策要落實的只可能有兩個東西，一是老闆的意志（若你任職於小公司），二是董事會（或多數股東）的意志（若你任職於大公司）。

在公司裡，老闆（或董事會、多數股東）的意志才是最重要的，其他單位則是為了配合老闆的意志而存在。所以在做事的順序上，絕不是統合大家的意見後，再來「說服」老闆；相反地，如同前面所說明的，應該先了解老闆的考量與期待，接著再做出對應的實際行動。

你依老闆的意志來規劃細節，老闆不但不會再暴怒，反而會覺得你這個員工準備的提案很符合他的想法，進而願意給你更大的發揮舞台。

我覺得這個順序才是一切的關鍵。而且，把這個觀念搞清楚了，你之後在公司推動任何事情，都會更輕鬆，也比較不會無所適從、不知道該聽誰的意見。

大人的 Small Talk

1. 提出點子獲得老闆首肯之後，先嘗試釐清老闆對這個點子的認知與期待。
2. 與老闆「同步」後才讓其他部門知道「老闆要這個」，並整合各部門可以提供的支援，再將完整的規劃呈給老闆批准。
3. 或者，也可以自己先做初步規劃，並跟老闆報告，確認規劃方向符合他的想法後，再跟各部門聯繫，一起推進。
4. 推進時可以考慮「分階段設計」，先不求一步到位，而是一點一點做出短線的成效，讓老闆更樂於提供協助，支持我們的長線布局。
5. 公司是私人機構，是老闆或股東自己投錢想呈現自身意志的地方，其他單位都是為了配合這個意志而存在。
6. 如果沒有高層的意志就先尋求各部門的想法，由此規劃出來的方案很可能會變成「多方妥協」的四不像版本。

認清公司的本質

”集思廣益做決策，不是比較好嗎？“

上一篇文章我有提醒：「先徵詢同事的意見，最後才詢問老闆，這順序是有問題的；比較理想的做法是，先嘗試確認老闆的想法，再據此來推進，因為太早納入眾人的意見，人多嘴雜反而容易讓目標失焦。」但你可能會進一步問：「納入大家的想法、多蒐集大家的意見、集思廣益，這樣不是比較好、比較周全，也比較民主嗎？」

我們從小可能都接受尊重大家想法的民主教育，難免就會覺得工作時好像也該如此；但工作場域不能這樣思考，因為**公司不是國家，它更像是一個**

實現夢想的環境。

首先，國家的狀況是這樣：我們不能選擇出身，有人天生資源多、有人天生資源少，對於資源少的弱勢者來說，很難遷徙到其他地方，所以每個人的意見都很重要。透過民主機制，不同想法、不同信仰、不同認知的人，才有辦法在同一塊土地上包容相處；而包容，難免必須接受某種程度的無效率，也就是說，有些事情得花很多時間來討論或投票，確保所有族群的聲音都能被聽到。

但公司決策與國家並不一樣。我們未必能選擇要出生在哪個國家，卻可以選擇要待在哪一家公司。公司組織沒有任何的強制力，沒有人規定你一定要去哪間公司上班，而且大家都有離職換公司的自由；甚至你願意的話，也可以自己開公司。所以在公司運作上，太多的共同決策未必是加分，甚至還可能是大扣分。

前面提到「公司這樣的組織，是一個用來實現夢想的地方」，這句話是什麼意思呢？

舉例來說，大家可能知道，特斯拉創辦人馬斯克成立了SpaceX，這是想發射火箭、登上火星的公司；如果登上火星也是你的夢想，或你是太空飛行相關研究的工程師，那肯定很期待可以加入這家公司。畢竟，若身邊有一群想去火星的人，每天做自己喜歡的事情，豈不是超棒的嗎？

相反地，如果你對登上火星壓根兒沒興趣，甚至不相信人類有辦法做到這件事，那大概也不會想去SpaceX工作；事實上，你根本不該去這一間公司，因為你會覺得很無趣，多半也很難待在核心位置。

可是，今天假設有一個人對太空探險沒興趣，但不知道為何被SpaceX錄取了，結果每次大家開會討論時，這個人都跳出來反對，質疑大家為何要登陸火星，強調地球還有各種問題：「為何不來研究地球上的農業、水淨化或是解決貧窮，不是更好嗎？」是，他關心社會、是一個好人，但你應該也覺得他在這裡不斷反對，顯然哪裡怪怪的吧？因為，公司並不是國家，沒人逼他一定要留在SpaceX。當你跑去一個不能認同價值觀的地方，然後努力想改變公司裡的其他人，這樣你自己很困擾，別人也是。

在公司決策上，要集體決策沒問題，但決策之前，更要考慮大家是不是有「相同目標的共識」，一旦有共同目標，民主決策才有意義；若是沒有，民主決策反而是經營混亂的開始。

但台灣有些公司其實沒有很明確的目標與願景，大家加入公司時，內心的期待各有差異，如果負責專案管控的人又欠缺警覺性，覺得必須互相尊重、必須眾「聲」平等，很容易讓會議無效率。

比方說，董事長指派你做新產品，關於行銷，你為了尊重眾人的想法，就把大家的意見問一輪，有人覺得廣告投放在Podcast好、有人覺得該有臉書粉絲頁、有人說要Line@、有人建議徵文比賽、有人傾向電視廣告、還有人說該在百貨公司廣貼海報……，於是你什麼都放進來，覺得這是兼容並蓄、展現民主嘛。

但這絕對是錯的，最後很可能變成不倫不類的案子。如果你是專案的執行者，最該小心的是資源分散，以至於不能專注；或是過度考量大家的意見，以至於方向發散。當你負責專案，卻把決策的責任推給每個人，最後就會是平庸的結果。

讀到這裡，你可能會有疑問：「如果我覺得公司大部分人，或是高層的決策不對，難道我不該提出嗎？」

你若覺得公司哪裡有問題，當然可以提出。只是我認為，這還牽涉到你指的是「道德層面上的不對」，還是「經營策略上的不認同」。所謂「道德層面上的不對」，指的是這件事可能在道德上有錯，或甚至違法。比方說你在一家食品工廠上班，老闆對外宣稱一律使用新油，背地裡卻都用回收油，這顯然是詐欺，也會危害別人，那這當然應該要被質疑。

但我發現大部分人會想提出異議，反倒是出於對老闆「經營策略上的不認同」。比方說你進入一家「內容製作公司」，老闆想拍旅遊影片，你卻想做兒童動畫，於是你不認同老闆的想法，甚至還不斷嘗試說服老闆照你的想法做。這我覺得就沒必要。

你或許又會問：如果我認同老闆要拍旅遊影片，只是我們對於到底該拍哪種題材，卻不認同彼此的想法呢？到底是開箱旅館、美食介紹、還是深度旅遊？大家集思廣益也不對嗎？

我的答案是：這當然可以討論，只是如果大家最後始終沒有共識，那還不如嘗試聽聽「市場」或是「目標消費者」的聲音。很多沒有答案的事情，需要小規模嘗試，聽到市場的聲音之後，才能疊代出更好的版本。或許我們能從幾個主題拍些短片，看看流量、聲量、轉發次數、網友留言等，這絕對比幾個人關在房間裡爭辯想法來得更實際。

但萬一有些決策無法小規模嘗試，決定之後又必須一次投入大量的資源，這又該怎麼辦呢？

我的答案是，**誰有能力承擔後果，那就聽誰的**。比方說有人想拍一個其他人都反對的題材，但他覺得「沒關係，我出錢！」，賣不好他也心甘情願，那他當然就有權做決定。在大部分公司的場域，通常出錢的那個人是老闆。這位老闆若願意在執行的過程中聽從專業意見，那很好，但他若不聽、堅持要做，那其實也是他的自由。

他的固執若對了，那他是賈伯斯；他的固執若失敗了，那他就是不尊重專業的慣老闆。反正他承擔風險，那他當然也承擔光榮或是罵名。

在這整個情境中，我只認同願意投資時間和金錢來賭、來實踐自身夢想的人。倒不是說「出錢的人最大」，而是如果我們相信自己的點子有價值，那就該拿出相應的賭注來試試看；若我們沒有信心要拿錢出來賭，那當然就該支持願意賭一把的人了。

那你說，如果我不是老闆，去了公司上班每天只能聽話，豈不是很吃虧？也不會，因為接下來，就是「你」選擇的時間了：你若願意相信老闆的方向，那就留下來一起努力，一起承擔市場後續的回饋；若不願意相信老闆，或覺得這不是你想做的，那就離開吧，世界這麼大，公司這麼多，哪裡都能去。

以台灣而言，除了台積電這種大公司，也還有各種不同領域的小公司。大部分的人選擇公司時往往只考量薪水高低，到職後才來抱怨老闆跟自己的想法衝突；然而我們該選擇的，反而是找理念相近的老闆、想往相同地方去的一群人，這樣的工作才能做得開心和長久，而且你也才容易做出自己認可的成績！

比較糟糕的狀況是你既不想做這件事，但也不願意離開公司，成天扯別人後腿，三不五時跳出來說「早就說這件事不可行吧」，就像前面提到那個不想登上火星，卻在SpaceX想拉大家去關心地球的人一樣。這其實就不對了，因為你會很痛苦，你的同事也會每天不愉快。

這也是為何我會強調，公司經營的重點真的不是集思廣益、什麼都做一點，然後以為這就是「民主」；經營的重點反而是整合認同方向的人，然後大家同心協力地實踐這個目標。

另外，你如果是公司的經營者，每次在一些議題上，發現團隊成員的想法差異很大，那或許代表著大家對於最終目標的認知並不一致，這是經營上的嚴重警訊。身為經營者，這時就該思考看看，如何讓大家的想法更一致，或者淘汰想法和公司不一致的成員。

組織需要的不是兼容並蓄，而是一群能力互補、夢想一致的團隊。而且，誰該承擔最後的責任，誰就擁有最大的決定權，這也是為何我會強調要先搞懂老闆想做什麼，而不是到處蒐集意見，最後再向老闆匯報，甚至期待老闆照著大家的意思做。

大人的 Small Talk

1. 公司不是國家，它更像是專門用來「實現夢想」的地方。
2. 公司經營的重點不是集思廣益，不能什麼都做一點；而是需要組成能力互補、夢想一致的團隊，然後大家同心協力地實踐目標。
3. 公司要集體決策之前，應該考慮大家有沒有「相同目標的共識」，同時也要避免資源太分散或過度考慮大家的意見，造成平庸的結果。
4. 若覺得公司哪裡有問題，提出之前先釐清是「道德層面上的不對」，還是「經營策略上的不認同」。
5. 當主觀上大家想法始終有差異，則先聽「市場」的聲音；如果這方面資訊不足，那麼誰能承擔後果，就聽誰的。
7. 對員工而言，若願意相信老闆的方向，就留下來一起努力，一起承擔市場後續的回饋；若不願意相信老闆，或覺得這不是自己想做的，那其實離開反而最輕鬆。

「六個指標看出你的發展機會

”升遷的天花板，在哪裡？“

一位來自馬來西亞的聽眾Lawrence（以下簡稱L），提到他對自己的職涯愈來愈迷惘。他擁有電子工程的專業，進入一家台灣製造業擔任採購，工作了快四年，雖然不討厭這份工作，但內容一成不變，讓他漸漸感到無聊，毫無成就感。他也發現「採購部門」在公司裡宛如雞肋，不論幫公司省下多少錢，似乎都不被看見；反觀業務部門成交一筆訂單，就會被老闆記得，以每年升遷、加薪的員工比例來說，採購部門都比其他部門少。

身邊的親友告訴L，採購是一份安穩但沒發展前景的工作，往上爬，最高也就是採購經理，而多數企業的管理階層往往是業務與生產部門。這讓他愈來愈焦慮，如果採購沒什麼發展機會，還要在採購領域深耕嗎？是否該回到電子工程相關的工作？但已二十九歲的他，完全沒有相關工作經驗，所學也幾乎忘光，又要跟剛畢業的學弟妹一起競爭，砍掉重練真的比較好嗎？

轉換跑道對於L來說，並非出於興趣、熱情，而是很現實的目的：想找一份有前途的工作。雖說行行出狀元，但他想要問：有些職位是否本來就沒什麼發展機會？有什麼方法可以評估某個職位的發展機會呢？

針對L一連串的問題，我建議先從「評估職位的發展機會」來思考起。職位發展的天花板其實是很看公司的。某個職位可能在A公司裡受到重視，但換到B公司則不是如此；反過來說，在A公司，某一職位不見得受到重視，可是換去B公司卻非常重要。

舉例來說，同樣是專案經理（project manager，以下簡稱PM），有些企業裡的PM很有權力，可以談合約、指派團隊、要求一定等級的工程師來參與專案，搞不好還可以開除人；但有些公司的PM權力非常小，只能負責支援工作、記錄行程和團隊投入的工時，整理資料和表單給上級，或是負責聯繫、傳遞文件而已。

光是PM這樣一個角色，在不同公司裡的權力差異極大，所以你的發展完全仰賴這間公司是否看重這個職位。而是否能被看重，關鍵就在於公司的生態：

第一，老闆的經營哲學和心態。老闆的出身背景，往往會決定公司裡各職位的重要性。比方說技術出身的老闆，可能關注重點都在研發上；行銷廣告出身的老闆，可能更在意創意與流量。老闆不懂的部分，可能就不重視。

第二，公司的經營狀態或商業模式。假設公司的毛利很低，成本控制很重要，採購很可能是最後決定一張訂單「賺錢或虧錢」的關鍵角色，那麼在這間公司裡，採購就盤據了關鍵的位置；反之，如果公司毛利很好，產品很先進、甚至有定價優勢，採購部門不見得影響企業經營狀態，自然也就不太能凸顯價值。

我鼓勵正在閱讀這本書的你，評估職位發展機會時，不能只看自己，而要拉高一個層級，從公司經營的視角切入；甚至要嘗試思考同一產業、不同公司之間的經營狀況。搞不好你會發現：你的角色（以L來說是「採購」）雖然在這間公司不重要，但可能會在同一產業的其他公司發光發熱，進而找到能夠真正定位自己的地方。

再者，L也疑惑：有什麼方法可以評估一個職位所處部門的發展機會？我有六個角度，重要性由上而下排列，提供給大家參考：

• 能不能幫公司賺錢？

如果你的職位能決定公司是否賺錢，而且是直接與獲利連動，那老闆一定重視。比方說，最容易理解的是業務單位。如果這部門或是你自己非常有能力把東西賣掉，那麼在組織內一定會被看到；或是公司時常做專案、發展新商品，而你身處的產業不斷需要「殺手級新品」，那專案單位、研發單位能讓商品從無到有，講話自然也就更大聲。

・是不是公司的經營核心？

什麼是經營核心呢？比方說你在太空探索技術公司SpaceX，火箭研發單位當然就是核心；在電動車大廠特斯拉，製作電池的技術部門肯定也會被看見。老闆腦海中的重點，通常在公司的發展性也會很好。

・能不能幫公司省錢？

如果你的職位在公司中雖然不能幫忙賺錢，但有助於省錢，能讓毛利有感提升，當然也是能有一定的地位。或許不是老闆眼中的明星，但最少也不是雞肋。

・能不能幫老闆做面子？

可以幫企業、老闆安排公關活動，抑或是帶來媒體的正面報導。當公司和老闆的正面形象提升時，股價和生意有可能會跟著水漲船高，這樣的專業人才在老闆心目中也會有一定的地位。

・能不能幫公司省麻煩、進而解決問題？

能夠讓營運維持效率或與法令遵循相關的職能，讓公司不觸法、不被告、營運順利、讓老闆省心，這樣的角色在公司內可排到第五。

・不得不存在的部門

因為政府規定，所以公司一定要有的職能；或是要處理多數員工都不想做、又不得不做的事情：像是整理會議記錄、管理檔案等。這些職務受矚目的排序會在比較後面。

以上這六個簡單的判斷指標，決定了你的職位在這間公司裡的定位，但我要再強調一次，你的職位在A公司不受重視，不代表到B公司還是一樣，這需要更綜觀全局的思考。

最後，如果入錯行，除了砍掉重練，還有什麼轉圜的方法？回到本文一開始L的例子，我建議可以從以下四個可能性去思考：

• 哪間公司更重視你的職務？

在這個產業裡，大家都不重視採購嗎？還是其實有一些公司、有一些單位很重視採購？如果是，那L能不能有機會運用現在的資歷，轉換到重視採購的地方？如果這個產業都是如此，那L的經歷能不能讓他去別的產業做一樣的事情？一來，無須丟掉現在的經歷，而可以將經歷視為槓桿的支點，撐起更高的薪水、更好的福利、更大的話語權，這是我建議可以優先思考的策略，因為這樣對於L來說幾乎是零損失，同時獲益更多。

• 能不能在公司內橫向轉職？

假設L綜合分析之後，雖然有其他公司很重視採購，但老闆很嚴苛；或是他真的很喜歡現在的公司、不願離開，那麼，何不往老闆更重視的部門轉職？譬如L發現老闆在公司裡很重視業務單位，而他當採購這麼多年，對零組件、商品也很熟稔，搞不好能轉去業務單位。從這個角度來評估，在同一家公司內，用現有的優勢轉職到另一部門，從支援到發揮價值，搞不好L會慢慢被看見。

• 有沒有機會轉往合作的公司？

假設產業內，沒有更重視採購的公司，但既然當採購，一定會與供應商接觸，所以可能認識很多供應商。那L有沒有機會從甲方（採購），轉換到乙方（供應商）？L擔任採購快四年，若能成為乙方，肯定非常知道甲方在意的細節，例如怎麼談價錢、規格在意點、如何驗收等。如果掌握產業生態的L轉去乙方，搞不好可以與甲方（採購）相處愉快，能給出剛好的規格，同時讓乙方的毛利最大化。這也可能是一條路，也就是從省錢的單位轉去乙方變成負責賺錢的單位。

• 能否提升自己，取得其他機會？

假如上述三個可能性都行不通，不妨思考：能不能提升自己、取得別的機會？既然L也有電子工程師的經驗，有沒有機會尋求內部工程單位的工作？雖然要重新來過，競爭力是低的，可是如果現在開始，三年、五年後搞不好會超過現在的天花板。

總之，原則就是待在自己能有優勢又能被重視之處，這樣努力才能得到最合宜的回報。

大人的 Small Talk

1. 能幫公司賺錢的部門，老闆最為重視。
2. 如果是公司的經營核心、老闆的重點，通常在公司的發展性也很好。
3. 能幫公司省錢的單位，通常地位不會差到哪裡去。
4. 能讓公司和老闆提升正面形象的相關工作，也會有一定的地位。
5. 能讓營運維持效率或與法令遵循相關的職能，在公司內可排到第五。
6. 不得不存在的部門，其受矚目的排序會在比較後面。
7. 如果入錯行，除了砍掉重練，還可以思考以下四個可能性：
- 環顧身處的產業，運用自己的資歷，轉到更重視自身職位的地方。
- 用現有的優勢在公司內「橫向轉職」，轉往老闆更重視的部門。
- 在產業內，從甲方轉換到乙方，發揮自身在甲方任職的經驗。
- 思考轉換跑道，以取得別的機會。

洞察危局的徵兆

公司好像怪怪的，該逃嗎？

當我們進了一間公司，覺得公司好像有點狀況，年輕時候的我們可能會困惑，想說公司是不是真的有問題？或者是自己經歷過的風浪太少、抗壓性不夠？這時的判斷對於我們接下來要採取什麼行動，影響不小，畢竟如果公司有問題，就應該趕快另謀去處；但如果自己沒有看出公司的狀況，那可能會把問題歸責在自己身上，導致往錯的方向努力。那麼，我們究竟該如何判斷呢？

曾有一位署名Huang（以下簡稱Ｈ）的聽眾朋友來信詢問，他第一份工作是在一家設計公司，雖然老闆名氣很大，但公司人數非常少，而且公司氣氛很微妙，老闆依照心情做事，有時候會罵員工，也曾經罵過他、叫他去死，嗆他是來騙薪水的。

對Ｈ來說，實際的工作內容和面試講的也差很大：面試時，他表明自己沒有相關經驗，也詢問過有沒有前輩帶領或是完整的員工訓練，老闆嘴巴說可以進來公司再學，但其實並沒有。面試時告訴他，進來後可以做海報、ＤＭ，還有很多大公司的企業識別，結果上班後，只是不斷叫他畫平面圖；但因為Ｈ不具有室內設計的專業背景，提出很多問題想請教老闆，老闆也不願意教。

於是，他做了一個月就離職了，後來，這間公司陸續又有兩個人工作一個月左右就離職。短短三個月內，包含Ｈ自己在內，已經有多位員工離開這間公司了。

離職後，H很快找到新的工作，是在教育產業擔任美編企劃專員，不過這家公司的流動率同樣很高。上班後，公司持續面試新人，不少同事資歷是以「星期」計算，就連總經理都不常進公司。雖然公司規模比第一份工作的設計公司大多了，不過員工好像彼此不太熟，也不熱絡。

轉換到第二份工作後，H依舊頭疼。他的主管是產品經理，不過工作能力有待商榷。除了工作分配不平均，時程規劃也很有問題，常常讓底下的人做白工，而且加班時間也很不正常；某次假日，H突然被主管要求加班，還工作到凌晨兩點。

當他向主管請教專案的內容，主管自己有時也講不清楚，第一天照著主管的建議執行，隔天又要大改，主管還責備H不能一味依照指示處理。然而，當H加入了自己的想法，再探問主管是否同意，主管卻說，應該直接遵照他的想法處理。

對H來說，每天上班心都很累。他認為，公司的體制和流程不太明確，不過因為自己在第一份工作只做了一個月就離職，在第二份工作也才做兩個星期，擔心之後的公司看到勞健保記錄會對自己的印象不好。H很想知道：是因為自己狀況還沒調適好，抑或是自己任職的公司體質真的有問題？

針對他的提問，我想起自己從當上班族，到後來擔任顧問，一直有兩個洞察指標：**一間公司如果流動率高、或是團隊成員需要靠大量加班才能完成工作，必然是經營上出了什麼問題**。

第一個指標，我想談談流動率。流動率高，表示人留不住；人留不住，交接多半也不會太確實。

假設員工到職不滿半年就離開，每次交接一定愈來愈糟。畢竟，工作交接的時候，知識或技能總是會流失，譬如一開始的員工戰力有一百分，交接一次，新員工可能只剩下九十五分，再交接一次給下一位新員工，可能只剩下九十分。如果這人夠穩定，待了一年，那可能他會補齊不足的地方。但如果每一次交接後，人力狀況都一樣不能穩定，那下一個新人學到的東西一定更少。

甚至，若公司的流動率始終居高不下，新來的員工根本沒交接到任何上一手的經驗，工作內容就會變得極度艱辛，他就更想提離職，進而變成惡性循環。

最終，整個團隊都是新人，一片空白：新人進來不知道要做什麼、學不到新東西，待一段時間後就離職；甚至有些新人到職後沒有前輩可以交接，只能自己看文件摸索。

我不會說這樣的團隊絕對不能去。如果你是那個領域的「大神」，上下游的工作技能都有涉獵，踏進那樣的公司，多數員工都很菜，那你或許會在很短的時間內掌握權力，甚至可能比主管還有經驗跟籌碼。

反過來講，如果你很菜，你會發現：公司內有太多混亂的狀況發生，讓你跟著一頭霧水、不知道該怎麼辦；你也會發現自己很難進步、很難學到東西。如果自我評估後，發現自己不是特別厲害的「大神」，但公司卻沒有人帶你、手把手教你，那老實說，就算你咬牙忍下來，也無法在這樣的環境待太久。這已不是意願的問題，所以先衡量好自己的能力，再選擇要不要待在這樣的職場環境。

再來談談洞察公司的第二個指標：要靠著加班才能完成工作。這裡所談的「加班」並非偶爾加班，而是隨時都在加班，而且當你放眼望去，公司人人都需要大量加班。通常這意味著這個環境中，必然有什麼一直沒能被解決的管理問題。

所謂「未能被解決的管理問題」可能有以下幾種：

・接案的問題

一個很容易造成過度加班的環境，就是公司是接案維生的，但是接了很多有問題的客戶。有可能是合約條件不佳，也可能是客戶的需求一開始就沒控制好。

於是當專案推進時，客戶的需求開始發散，而合約又無法控制客人，甚至你的公司還過度討好客人，讓對方予取予求，最後變成只能讓團隊持續加班來勉力完成。

另一個跟合約有關的狀況，是公司接了一開始就知道無法順利在時限內完成的合約。或許一開始評估要四十五天，但客戶只能接受三十天就要上線。為了接案，公司想說就先接吧，最後也是演變成逼迫大家持續加班。

還有另一種情況，就是公司過度接案，可能是沒有評估人力，或公司競爭力不好，案子的利潤不夠，只能靠「衝量」來維持。因為案子都不怎麼賺錢，就無法增加人力，又只能靠加班。

但無論是合約問題或低價搶標，都反映出競爭力的問題；雖然靠人海戰術、拚死加班還能勉強撐著，但公司狀況不會好轉，稍有經濟動盪或是市場變化，就可能翻覆。例如原本八小時做不完，那就做十小時；十小時又不夠，就拚到十二甚至十六小時，但這終究不是長久之計，只是勉強維持。

・人力配置的問題

公司用了眾多的低價新鮮人（通常也是因為公司接低價的鳥案子，收益不足、客戶很跋扈，找不來大神、資深人才也不足，只能靠年輕的肝來拚）；又或者公司可能專案很多，但專案的資源分配不均，部分專案人手不足。

還有一種情況是，老闆喜歡的案子人力很充分，擁有最厲害的人，團隊也不太需要加班，但你運氣差，到了爹不疼娘不愛的部門，剛好部門主管的權力又不夠，那你可能就要拚死拚活加班。

・工作流程的問題

我在我們流程課最常提到的就是這種狀況。很多公司沒建立好的分工，於是過度仰賴全方位的大神。他雖然可以多工做很多事情，甚至老闆自己就是這樣的人物，所以他花比較少心力設計工作分工或是內部教學；但其他人因為能力不夠，無法面面俱到，就會被逼著過度加班。

一般中小企業本來就很難找到大神級的員工，所以反而更要花心力設計出好的工作流程，將每一個步驟的內容、範疇分清楚，讓就算是只懂得單一步驟的人，也能發揮價值，而不用期待靠一位大神來扛起所有工作。

• 經營者的風險意識問題

這個狀況是公司其實有競爭力，也有餘裕可以聘請更多人，只是老闆一心想省成本、或是不覺得「連續加班」有什麼問題，於是人力配置僅是勉強達標。譬如一件事情需要五個人才合理，但拚一點三個人也有機會，老闆就剛好只配三個人。因為他覺得，如果有什麼事，靠加班即可。

但其實讓員工連續加班是很危險、也是最笨的策略，因為團隊在連續加班下，力氣會用盡、判斷力會變差、產出品質也會下降。甚至當力氣與士氣一旦用盡，就可能會面臨崩潰，甚至引發集體離職，反而讓經營風險提升。

對老闆來說，其實只要報價和合約能抓好，多請一、兩位員工，雖然看似有人力閒置，但有餘裕可以處理需求變動或是應對風險（如有人臨時請假等），反而能確保合約執行順利、乃至長期營運穩定。

以我自己而言，**寧可滿額編制，甚至是稍微超額編制，讓整個團隊的學習、生活可以平衡，整間公司的營運也會比較好**。臨時遇到額外的經營變動，比方說有個急單、或是突然要研究什麼東西，也不至於沒有人力。

綜合以上幾點，其實可以發現，一間公司的離職率高、加班時數過長，大概就有問題。除非只是暫時的狀況，不然長久這樣下去，最終一定會無以為繼。

至於H擔心每份工作年資太短、勞健保會有記錄的問題，這可能不少人也會煩惱。但我要說，若這才是你的第一、第二份工作，其實要跑就趕快跑，待的時間一拉長（譬如每份都只待了一年），反而會被質疑。

年輕時、剛入社會有一、兩份時間很短的工作，在履歷上並不會很顯眼，如果接下來找到不錯的第三份工作，又能待下來，前面兩份工作的經歷也就沒那麼重要，就像是暑期打工，甚至不寫到履歷上也沒有關係。

但你在一間經營不良的公司待太久，若沒學到東西、也沒在工作上做出成績，那就算最後忍耐了兩三年，其實對你也是毫無幫助的！

大人的 Small Talk

1. 公司的流動率高或團隊成員需要長期大量加班，必然是經營上出了什麼問題。遇到這種公司就要快跑，千萬別誤以為是自己不耐操。
2. 流動率高，則交接多半不會太確實，知識或技能總是會流失，讓新來的人更難待下去，最終公司陷入惡性循環。
3. 高流動率的團隊並非絕對不能去。如果你是該領域的大神，或待過該公司的上下游，這樣的歷練或許能讓你很快掌握權力，甚至可能比主管還有經驗和籌碼。
4. 若公司仰賴常態性大量加班，通常代表有管理問題一直未能解決。
5. 年輕時做到ＮＧ工作要盡快離職，不用太擔心會讓履歷難看。因為剛畢業時的頭一、兩份工作在職時間很短，履歷上不會很顯眼。找到一份你能做出成績的工作，對你將來才更重要！

擺脫「被埋沒」的困局

“為什麼少說話、多做事是最差策略？”

「欸欸，我聽說小李被升官，之後要當我們的主管耶。」

「真傻眼，他每次都出一張嘴，事情還不都是我們在做……。」

在工作上，你是否碰過類似的狀況，明明自己做了好多事情，最後老闆獎勵的卻是其他人？更氣的是，被獎勵的竟然是那個沒怎麼做事、只出一張嘴的人。

這類狀況在職場上很常見，但在抱怨不公平的同時，你可曾想過為什麼一個不做事的人可以升職，而每天辛苦加班的你卻連一杯羹都沒分到？真的只是老闆糊塗嗎？還是對方其實做到了一些很重要的事情，而你卻忽略了？

很多時候，問題其實出在「少說話，多做事」這個長年被奉為職場美德的觀念上。

從小，父母或師長經常耳提面命「少說話，多做事」的重要性，告訴你不必宣揚自己的功勞，只要埋頭苦幹，總有一天會被老闆注意到。從人品的角度來看，這樣的謙虛和不求回報確實值得尊敬，不過在職場上，很多時候這卻不是值得採行的做法。為什麼呢？接下來，我們可以先從員工的四種類型談起：

1. 多說話，多做事。
2. 多說話，少做事。
3. 少說話，少做事。
4. 少說話，多做事。

上面這四種員工裡，相信多數人都同意「多說話，多做事」的人最受老闆器重。這類員工除了願意在工作投入大量心力，還會主動跟老闆報告自己做了什麼、為何這樣做等。

多數老闆在日理萬機的情況下未必都能掌握員工的狀況，也因此，能夠主動向老闆回報或提問的員工，自然能在老闆心裡留下更深的印象。

老闆心中的第二名員工，則經常是「多說話，少做事」的那群人。本文一開始的對話中，最後被升職的那位同事或許就屬於此類。

這類員工往往意見很多，至於他們實際有多少能力，或做了多少事情，不一定很明確，甚至在同事眼裡，他們常被視為投機取巧，但就現實面來看，他們的小聰明確實能帶來正面效果。

這種員工懂得踴躍提出意見，即便其中只有少數幾個被採用，甚至也不是由他自己負責執行，但只要能確實創造效益，老闆就會記得這個點子最初是由他提出的，因而對他留下不錯的印象。

剩下兩種少說話的員工，哪一類是第三名、哪一類墊底？很遺憾地，墊底的經常是「少說話，多做事」的苦力型人物。

怎麼說呢？如果是「少說話，少做事」的員工，他們通常很注重工作的CP值，比較在意自己能不能少接一點事情，或是如何以最少的心力完成老闆交辦的任務，因此沒受到老闆注意，對他們來說反而輕鬆。而且他們往往會避開艱難的工作，因此出錯被盯的機率也比較低。

相對來說，「少說話，多做事」的員工覺得認真工作是盡本分，也認為找老闆邀功是相當厚臉皮的行為，應該避免；而且當老闆給了聽起來不太合理的指令時，他們就算感覺怪怪的，也不太會提出疑問，而是會摸摸鼻子去執行。

然而，少說話、少主動跟老闆溝通的員工，本來就難以在老闆心中留下印象；當他們又抱著「總有一天會被看見」的態度，承接愈來愈多任務，他們犯錯的機率也隨之提高。

於是，就容易出現這種情況：平時的努力沒能讓老闆看見，反倒第一次受到老闆注意就是因為工作出包。平心而論，這樣的員工怎麼能讓老闆留下好印象呢？

而就員工自身的感受來看，「少說話，多做事」也並非好事。因為這類員工雖然默默付出，但他們通常還是期待能被老闆讚賞，結果就是，長期埋頭苦幹不只累積工作壓力，也讓他們容易陷入負面情緒，質疑「為何自己這麼努力，老闆卻都沒有發現」，因而加重心裡的不平衡感。

同樣都是多做事，「多說話者」是老闆心中的第一名，而「少說話者」則落到最後一名，其中最重要的關鍵，經常在於前者比後者多做一件事：**「主動」又「高頻率」地與老闆溝通**。

多數員工只會在碰到問題的時候才去找老闆討論，因此在老闆心中，就容易把這些員工跟「問題多」聯想在一起。

但如果你調整一下做法，平時就多主動與老闆聊聊工作狀況，不要只是求救的時候才開口，或許就能避免老闆對你留下這樣的印象。

我建議你養成每週找老闆溝通兩、三次（依據個人狀況而定）的習慣，你可以跟老闆閒聊，也可以進行簡單的工作報告。如此，就能很自然地讓老闆知道你做了哪些事，也不會因為久久才報告一次而覺得自己像是在邀功那樣很突兀；倘若你真的碰上什麼難題，在這樣的談話過程中提出，也會比前述那種「急著找老闆只為了求救」的做法來得更合宜。

在溝通過程中，還有一個眉角該注意：**務必主動分享你針對一件事情打算怎麼做，而非被動等著老闆指示**。

例如老闆要我做一份銷售簡報給客戶，我通常會這樣溝通：「老闆，我打算從公司過往的成功案例來加強客戶的信心，所以我會先跟業務部、行銷部要一些業績資料放在簡報開頭，至於我們公司的技術創新部分則擺到第二章節。這樣的安排，老闆覺得如何呢？」

如果老闆贊同你的做法，那很好；如果老闆不贊同你的做法，那也無妨，你反而可以藉機詢問：「老闆，如果是您的話，會怎麼做呢？」透過這樣的對話，就能帶來多個好處。

首先，多數老闆都有「資訊焦慮症」，迫切想掌握員工的工作狀況，畢竟如果事情做了一大半才發現做錯，打掉重來的代價並不小。

如果身為員工的你能養成主動報告的習慣，不管跟老闆的想法是否一致，至少他會知道你最終的做法是在他的掌控範圍之中。在這過程中，老闆對你的信任感會逐步累積，相對於其他鮮少主動報告的同事，你在老闆心中的份量絕對更高。

再來，從溝通的過程中，你也可以更了解老闆的價值觀，知道他怎麼思考問題，又有哪些考量。

以我自己職涯的經驗來說，多數老闆聽到我提問都是很開心的，幾乎從未因此生氣，而且我常常能獲得不錯的答案，不只解決在工作上的難題，還能學到老闆的經驗。

除了前述好處之外，養成經常跟老闆溝通的習慣，在爭取升遷或加薪時也可能有些助益。

說到要求加薪，多數人往往只有兩招：一招是一次列出近期的功勞，然後跑去找老闆談；第二招就是拿著別家公司開出的更好條件，「半脅迫」地跟老闆爭取。這兩種方法都稱不上是好，因為即便老闆同意，也可能是心不甘情不願的。

我常說，**不用把老闆想成好人或壞人，老闆在職場上不過是將本求利的商人**。對他來說，加薪升官都不是問題，重點在於他對你的投資能不能獲得回報。

因此，比較好的做法是平日逐步醞釀，主動又高頻率地與老闆溝通工作狀況，並且在對話過程中，主動展現出自己願意承擔更多責任的態度，例如告訴老闆：「這個案子我很感興趣，如果有需要幫忙的地方，請盡量找我沒有關係。」

如此一來，老闆會知道你一直在幫他創造價值，而且你也願意承擔更多，一旦未來有大專案要執行時，老闆就可能先想到你。這時候，你再順勢爭取升遷或加薪，成功的可能性自然更高，老闆這薪水也給得更心甘情願。

謙虛固然是美德，但在職場上，懂得適時行銷自己，才是地位更上一層樓的好計策。

1. 「少說話，多做事」雖然被奉為美德，但在職場上，往往不是值得採行的做法。

2. 主動又高頻率地與老闆溝通，不光是讓他知道你做了哪些事，也要在遇到問題時順勢求救。

3. 溝通時，務必主動分享你針對一件事情打算怎麼做，而非被動等著老闆指示。

4. 如果老闆不贊同你的做法，可藉機詢問老闆會怎麼做。一方面能累積老闆對你的信任感，另一方面也可以更了解老闆的價值觀。

5. 與老闆溝通工作狀況時，主動展現自己願意承擔更多責任的態度，一旦機會來臨，就更有可能爭取升遷或加薪。

釐清自己為誰工作

把熱情當工作，上班自然天天開心？

雖然我在文章、演講和個人諮詢都花了很多時間談熱情與天賦對工作的重要性，但如果你把「每天快樂出門，開心回家」定義為熱情，那我得殘酷地打破你的幻想！

做你有熱情的工作，未必如你想的輕鬆快樂。

如果所謂的「熱情」是做開心又輕鬆的事，那對大部分的人來說，熱情應該是追劇或是打電動吧？其實，這是對「熱情」這兩個字的誤解！

「熱情」這一詞在英文中為「Passion」，出自耶穌被釘在十字架上的典故，祂代替了世人承受罪業，因此原本是「耶穌受難」的意思，帶有強烈「殉道精神」的含意。

因此，真正從事自己熱情工作的人，他可能看起來很痛苦、承擔不小的壓力，往往並不輕鬆愉悅。

以下我想來談談幾個常見的迷思，並分享我的觀點，幫助大家在探索熱情之路上減少卡關。

• 迷思①：不有趣的，就不是熱情？

仔細想想，這個社會上真正投入自己熱情事業的人，他們每天的所作所為往往不是輕鬆愉悅的，而是充滿壓力甚至煎熬：一天工作十八小時的企業家、投身疾病研究的學者，或是日日苦練從不間斷的職業運動員、音樂家……。既然辛苦為什麼還要做呢？因為他們從工作中找到了意義，找到了自己之所以存在的價值。

找到工作熱情的人，看的不是今天上班辛不辛苦、賺的薪水值不值得自己的付出，他們雙眼凝視的是更遠方的目標：為了達成某種生涯成就，或是成為心中想成為的那個人，也就是為了「心理圖像」而持續付出。

看不到燈塔的水手，只覺得自己在划船；而凝望燈塔的水手，感受到自己在逼近目標。

曾有課堂學員告訴我，他嘗試了很多不同的領域，一開始覺得很有趣，但過一陣子就覺得厭倦不好玩了，所以一直找不到工作的熱情。這種情況的問題在於，把「興趣」跟「熱情」搞混了。「興趣」像是做ＳＰＡ，只要躺在那兒享受即可；然而「熱情」則像健身，沒人純粹為了「享受」肌肉痠痛和氣喘如牛的感覺去健身，通常是「一個擁有人魚線或六塊肌的自己」在腦海中引領他們前進。

．迷思②：只要「找到」熱情，就一切搞定？

對某些人來說，工作熱情就像武林傳說中的「千年人參」，只要找到了它，吞下去就能立刻增加一甲子的功力。因此有些人不斷換工作，期待有天真正遇上了熱情，就像遇到心中的白馬王子或夢中女神一樣，碰上了，就圓滿了！

在我看來，熱情比較像是千年人參的「幼苗」。許多人的熱情一開始確實來自興趣，但一個人的興趣可能很多元，不可能樣樣都轉化為熱情，成為熱情的關鍵就在於是否持續地灌溉！灌溉的過程需要辛勤投入，很多人就在這時候放棄了，他們心想：「這玩意怎麼那麼累人，不好玩，看來這不是我的熱情！」但有少數人會堅持下去，他們對於「最終的成果」有所期待，於是這些少數人成了真正找到熱情的人。

那些吸引我們、讓我們躍躍欲試的領域，往往只是一個火苗，要燃起熊熊烈火般的熱情，絕對需要耐心添柴火。而「添柴火」最重要的關鍵就是一定要有「產出」與「創作」。例如：喜歡料理、考慮當廚師的年輕人，我建議他們別只是空談、別只是上課學習，而是要認真地下廚，每個禮拜都做幾道菜跟家人朋友分享；對電影產業有興趣，別只是坐在沙發上看電影，你得有些創作，拍幾部微電影，或至少寫幾篇影評、劇本。很多時候，熱情是靠毅力與創意逐漸培養出來的。

‧迷思③：熱情來自於個人的心理感受？

熱情與「貢獻」其實有著密不可分的關係！就拿我十分欽佩的陳樹菊女士來說，有些年輕朋友可能不知道他，但他非常了不起，在台東的傳統市場賣菜幾十年，賺到的錢大部分都默默捐給醫院、慈善機構等，累計達到上千萬元，後來有媒體報導，大家才知道這件事情。如果有機會問他，請問賣菜是你從小到大的熱情所在嗎？請問你是如何發現自己對蔬果交易這領域有熱情？我猜他可能很難回答。

對於許多人來說，不是該不該挖掘熱情的問題，而是為了眼前的生活，根本沒有選擇。陳樹菊阿姨小學畢業後，母親因難產早逝，從此一肩挑起家計，這種艱辛不是我們一般人能夠體會。但我們從這樣的慈善家身上感受到一股強大的「奉獻精神」，這正好與Passion的原意不謀而合。人類本質上就是社會動物，我們天生就會因為貢獻與幫助他人而感到滿足與快樂。我看過許多對工作充滿熱情的人，他們其實已經達到財務自由，但對於工作卻絲毫沒有懈怠，熱情持續增溫，背後的驅動力就是貢獻精神。

以我來說，演講與寫作是我的熱情，但我也有倦怠的時候；而且這過程也不是百分之百開心，甚至可以說，大多時候很有壓力，偶爾還要接受負面的評價。我常問自己為什麼願意堅持下去，最後想想都是因為讀友或學生告訴我，我的一篇文章、一段話曾經改變了他們的想法、解決了他們的難題、消除了他們的焦慮⋯⋯。我想就是這些回饋，讓我堅持下去並樂在其中！

基於上述三點迷思，我把「熱情」的組成寫成下面的公式：

熱情＝興趣×毅力×貢獻

1.有興趣是好事，完全沒興趣（興趣等於0）或很厭惡（興趣小於0）的領域，是很難衍生出熱情的！但請切記興趣只是個火苗，不完全等於熱情，後續仍需要增添柴火。

2.所謂熱情，「辨識」與「培養」都很重要，後者尤其需要毅力的加持。探索熱情不能凡事淺嚐則止，一定要靠「創作」與「產出」，才能真正確認自己是否有熱情。

3.人是社會動物，能為人群帶來貢獻，就能為我們的內心帶來充實與快樂，這才是真正能夠持久的熱情！

如果不知道自己喜歡什麼，先從手邊能夠接觸的領域開始，只要不特別討厭，都應該努力投入看看。當你覺得辛苦、不好玩、想逃跑的時候，再多堅持一下，每份工作至少留下一些你的產出、創作、貢獻或里程碑之後再離開。相信我，這樣你會更快找到有熱情的領域！

大人的 Small Talk

1. 關於工作熱情的三個迷思：
- 不好玩、不有趣的，就不是熱情？
- 熱情是個已經存在的東西，只要找出來，一切就搞定？
- 熱情來自於個人的心理感受？

2. 熱情＝興趣×毅力×貢獻。

3. 對工作有熱情的人，看的不是今天上班辛不辛苦，而是為了達成某種生涯成就，或是成為心中想成為的那個人，持續付出。

4. 興趣只是個火苗，不完全等於熱情，後續仍需要增添柴火。

5. 探索熱情不能凡事淺嚐則止，一定要靠「創作」與「產出」，才能真正確認自己是否有熱情。

6. 人是社會動物，能為人群帶來貢獻，就能為我們帶來充實與快樂，這才是真正能夠持久的熱情。

從僵局中豐碩收穫

“如果對現在的工作沒熱情，應該馬上辭職嗎？”

如果說，熱情與天賦攸關工作的表現和開心與否，那麼當現在的工作不是自己的熱情時，是不是應該馬上辭職呢？

我發現有些人非常認真地想要擺脫食之無味、棄之可惜的上班生活，覺得擺脫後就會賺很多錢、每天都能很愉快地工作，一切困難都迎刃而解。如果你心中也有這樣的想法，請務必看完以下的分享。

我在四十歲之前，做了很多工作，這些工作中的某些部分我很有興趣，但有更大一部分卻讓我很痛苦，也沒有興趣。當時我用了一些方法來幫助自己度過難關，也讓我在後來更容易找出自己的天賦熱情。

•盡量多賺錢

既來之則安之，就算目前的工作不甚理想，與其消極抱怨，不如在找到天賦熱情之前，先靠勤奮工作積累財富，做為未來轉換跑道的籌碼。公司內如果有辦競賽、獎金，就拚命去達標，多賺一點錢；你還可以直接問老闆：「我想多賺一點錢，有沒有什麼方法可以提升我的收入？」

甚至，你也可以考慮在不違背公司政策的情況下賺點外快，但建議最好挑選與你的熱情或本職專業有關的外快，這樣才會有相輔相成的效果。

以我來說，我剛開始學專案管理時還是一位工程師，當時有朋友問我要不要賺個外快，剛好有小公司在找人教專案管理，一小時鐘點費四千元。我心想就當作兼差多賺點錢，便答應了。後來我花了一個月準備投影片，開始鍛鍊自己的授課技巧，後續也接了其他的委託。

有一天，老闆居然問我要不要幫部門同事上課，教大家專案管理。我超緊張！畢竟當時我可是部門中最菜的，很多人都比我厲害，老闆卻要我辦正式的培訓，還要找別的部門來聽課。

可是轉念一想，這份工作是一次性的，只是公司內部的活動，就算搞砸，也沒有什麼好怕的。但萬一成功，可是能提升能見度！

抱持這個想法，我便放手去準備，藉此大量累積簡報和講師經驗，現在回頭看，當時的投入都成為我後來當講師的籌碼。

• 挑戰困難的任務

不要害怕挑戰失敗，當公司有資源、有設備讓你去嘗試時，為什麼不去？反正失敗了也不是你買單。

一樣在我還是工程師的時候，有一次老闆忽然丟個二十幾億的大案子給我，要我進行時程規劃。之前這樣規模的案子都有前輩帶著，但現在卻要我一個人負責，才二十幾歲的我簡直傻眼！

不過我又轉念一想，反正機會來了就試試看，nothing to lose。既然沒有什麼東西好失去的，現在老闆敢交給我，那我也沒什麼好怕的，最後也證明雖然辛苦，但任務還是順利完成，成為履歷上的一項生涯成就。

・跟喜歡的人共事

「喜歡的人」不單指異性之間的喜歡，也包含純粹欣賞這個人、調性比較合等；而你還沒確定自己的方向之前，可以先試著透過換職位、調部門，和喜歡的人一起工作。

舉例來說，若你是工程師，覺得目前的工作很無聊，但發現自己跟業務同仁比較有話聊，也比較欣賞他們的個性與想法，那不妨多跟他們接觸，或是嘗試支援一些業務工作，甚至爭取轉職的機會。因為物以類聚，跟你同性質的人所選擇的工作，很有可能也是你的熱情所在！

・先奉獻

人天生有利他的傾向，也渴望他人的肯定。天賦與熱情，除了是做自己喜歡的事情之外，也有很大一部分是因為我們奉獻了心力給別人，看到別人因為我們而更好，因此感到快樂。

比方說程式設計師一直寫code，寫得很煩，懷疑自己的價值；但當看到寫出來的程式幫助一家公司順利運轉，或幫助客戶順利完成交易，你會感受到自己工作的意義。所以我建議大家，思考一下，你的付出會幫助到什麼樣的人事物？藉此覺察自我的熱情所在。

・追求極致

盡其所能地追求高品質的工作成果，別只是以主管、客戶的及格底線做為你的目標。**把自己當成一個追求極致的「匠人」，久而久之，你會愈來愈進步。**

比如說，你可以為自己的日常業務建立一份品管查核表，把過去犯過的錯誤通通記下來。當提交工作成果前，拿出品管查核表，一項一項檢核打勾，除了確保工作品質，在勾選過程中成就感也會愈來愈高！

• 讓工作自動化

將重複或繁雜的工作自動化，不只提升效率，也增加更多自己被看見的機會。

以前我覺得當工程師很無聊，曾經還跑到廁所偷偷睡覺，後來覺得這樣下去實在不行，反正閒著也是閒著，當時紙本文件有很多重複作業的地方，我就花點時間將表單自動化，同時分享給同事，雖然當時老闆也沒有給我加薪升官，但後來得到好多新的機會。人工智慧的發展，讓工作自動化更容易，多多學習與嘗試這類新科技，或許你會發現原本枯燥繁瑣的工作，在自動化之後為你帶來許多新的樂趣！

要找到自己有天賦熱情的工作，的確需要一些時間，我也花了十年才漸漸摸索出自己的方向。所以，如果你的工作還沒有讓你充滿熱情，也不要就此渾渾噩噩虛度光陰，反正上班時間都花下去了，倒不如參考上面的建議，認真踏實地投入，我相信你會有意想不到的收穫，也能更快認識自己、更快挖掘出自己的熱情！

大人的 Small Talk

1. 當現在的工作還不是自己的熱情時，除了馬上辭職或虛度光陰之外，還可以用其他的角度面對現在的工作，幫助自己從中有所收穫。
2. 角度一：盡量多賺錢。積累財富做為未來轉換跑道的籌碼。
3. 角度二：挑戰困難的任務。當公司給你機會時，勇於接受。你可以這樣想「失敗了，不是我買單；成功了，會是我履歷上的成就」。
4. 角度三：跟喜歡的人共事。試著透過換職位、調部門找到「同類」，因為物以類聚，「同類」所做的事情，很可能也是你的熱情所在。
5. 角度四：先奉獻。思考你的付出能幫助什麼樣的人事物。
6. 角度五：追求極致。別只是以主管、客戶的及格底線做為你的目標。久而久之你會愈來愈進步。
7. 角度六：讓工作自動化。不只提升效率，也增加更多被看見的機會。

Part 2

造局：

通透向上管理

職場上，與老闆的合作就像兩人三腳
但老闆究竟在想什麼？
老闆真的都心意難測嗎？
在來回折衝之間，有什麼方法可以共創雙贏？

從贏取信任、讀懂老闆到提案開會
掌握這三個維度
讓你與老闆擁有相同的頻率

贏得老闆的信任

老闆到底要什麼？

「不確定老闆想要什麼」，這是許多上班族心中的煩惱。「向上管理」的確是職場上的一大難題，而且多數人都無法逃避。我們究竟該如何做好向上管理，以獲得老闆器重？我認為關鍵還是在看懂局，回歸事物的本質。

其實，無論是對上、對下或平輩之間，職場人際關係最根本的基礎就是互惠合作。我給你「你要的東西」，你也給我「我要的東西」，大家一起把事情做好，最後達成很好的績效，這就是最理想的狀況。

有些人可能會想：「可是我的老闆都不明講他的想法或想要什麼，我又不是他肚子裡的蛔蟲，怎麼知道他在想什麼咧？」

事實上，你可以從對方「最缺乏的東西」下手。因為一個人最缺乏的，通常就是他最想要的，而老闆最缺乏的東西正是「第一線情報」。

在軍隊裡，一定有通訊兵或情報官，因為指揮官通常不在第一線，所以需要這些人傳回第一線情報，方便指揮官掌握狀況、做出決策。在公司裡也是一樣，老闆通常不會親自參與各種大小事務，欠缺第一手的資訊。於是，**很多老闆都有強烈的「資訊焦慮」，深怕遺漏了當前的小徵兆，釀成將來的大危機，所以「提供第一線情報」就成了向上管理的絕佳切入點**。

在具體做法上，不要等老闆問起才被動回答，而是養成「主動密切回報的習慣」，甚至在會議之外的時間主動找老闆報告，而且無論消息好壞都要確實傳達！

很多人會擔心：「萬一主動報告後，老闆抓到漏洞或發現缺失，把我臭罵一頓，怎麼辦？」

沒錯，主動報告而且什麼都報，比起別人報喜不報憂，被罵的機率確實比較高，但這並不會讓老闆在心裡對你扣分。相反地，老闆知道你會主動報告，甚至冒著被罵的風險也要報告壞消息，還會慢慢建立對你的信任。或許你會懷疑，這真的有可能嗎？以下我就來分享一段親身經歷。

我三十多歲時在紐約一家顧問公司上班，當時我被派駐到紐約市環保署從事顧問工作，而我的其中一位上司就是環保署的高階主管。

他很聰明、工作能力很強，但要求很嚴格，而且脾氣不太好，有時甚至會在會議上直接飆出髒話。和他一起工作，讓我每天都壓力山大，甚至開始質疑自己在紐約上班到底是不是個正確的決定。

但既來之則安之，我告訴自己一定要找到方法和他好好相處，跟他「互惠合作」。我的第一步，就是提供他迫切需要的「第一線情報」。

當時，我們部門每兩週開一次專案會議，大家輪流報告手上的專案進度。我為了獲得他的信任，轉為採取比較積極的做法：不等到開會才報告，而是每隔兩、三天，只要看到他有空就去找他，甚至連在員工餐廳偶遇，我都會跟他聊一下專案進度。

我可以感受到他非常欣慰，因為多數員工看到他都避之唯恐不及，報告時也有所顧忌，只有我會主動向前，給他完整的資訊，當然也包括壞消息。後來，某次我在辦公室遇到他，又報告了他感興趣的情報，他微笑著跟我說，以後在兩週一次的會議裡報告就行了。聽到這句話，我知道我成功了！

為什麼？

因為在我不斷報告的過程中，他慢慢相信我什麼都會告訴他。**這就是向上管理的第一步：獲取老闆的信任**。

我們除了透過主動回報第一線資訊來爭取信任之外，也會碰上一些需要「說服」老闆的時刻。此時，搞懂老闆的「習性」格外重要。這又是什麼意思呢？

比方說，我知道這位老闆脾氣不好，如果我選在公開場合提出質疑或展開辯論，他肯定會不高興。於是，我開始認真觀察他的作息，找出能單獨談話的時機。

我發現他每天晚上七點到七點半之間會結束最後一場會議，接下來就是他一天之中最放鬆的時刻。這時候，他會倒杯咖啡休息一下。因為他還沒吃晚餐，肚子特別餓，而我的座位正好在他前往咖啡機的路上，所以我會準備一些餅乾和巧克力，只要他經過，我就拿出來分享。

這段時間，他一手咖啡、一手我的零嘴，變得格外溫柔，跟平時判若兩人，甚至還會關心我，像是：你一個台灣人來紐約，假日都做些什麼？有沒有不適應的地方？

這就是我一天之中最有機會說服他的時刻。比方說，他白天推翻了某個其實很不錯的建議，我就趁機問他：「老闆，早上我們提的那個方案，我覺得你太快做決定了，你要不要重新考慮一下啊？」他常常邊吃邊回答：「好吧，既然你都這樣說，那我就試試看。」Bingo！

後來我能晉升主管，主要也是他拉了我一把，他還非常積極地想幫我申請綠卡跟美國公民，其他外國同事看了都很羨慕。雖然我因為沒有想留在美國發展而婉拒了，但對於他的這份心意，我還是挺感動的。

除了主動又高頻地回報外，關於向上報告，我還有另外兩個建議，也許能帶給你一些啟發：

• 提前報告，優化內容

在會議前一天或半天，我通常會帶著整理好的資料去找老闆，用五分鐘左右的時間預告明天報告的重點，再根據老闆的回饋調整內容。

有了這個步驟，隔天的報告就會更加完整，讓老闆覺得你做得很好。假設跳過這步，隔天報告又缺東缺西，老闆當下可能就不高興，認為你浪費會議時間。

• 事先擬答，完備題庫

我去找老闆報告之前，會先花個十分鐘做沙盤推演，寫下老闆可能會問的問題，再模擬作答。如果實際報告時，老闆問了我模擬時沒想到的問題，我會把這些題目記起來。當你這樣累積了一段時間之後，會發現老闆問來問去就是那幾個題目，而你手上早就有完整的題庫了！

而且，因為你可以猜想老闆可能會問哪些題目，你還可以使出更「狡猾」的一招：預先準備資料，等老闆問到再亮出來，這樣他會非常驚豔！

然而，很多人上班時卻背道而馳，常常被老闆問相同的問題，卻每次都答不出來。如果面對老闆時都不懂得投其所好，還談什麼向上管理呢？

職場上，雖然老闆看似神氣，實際上卻有顆少女心，自己什麼都不講，卻非常希望你能猜中他的小祕密。如果你能猜中，絕大多數老闆都會很開心，覺得「你懂我」。而這份信任一旦建立了，對你往後的工作勢必大大地加分。

大人的 Small Talk

1. 「提供第一線情報」是向上管理的絕佳切入點，因為很多老闆都有強烈的「資訊焦慮」，深怕遺漏了當前的小徵兆，釀成將來的大危機。
2. 不要等老闆問起才被動回答，養成「主動回報的習慣」，而且無論消息好壞都確實傳達。雖然這麼做，被罵的機率確實比較高，但可以慢慢建立老闆對你的信任。
3. 工作上難免會需要「說服」老闆，因此搞懂老闆的「習性」格外重要。
4. 在會議前一天或半天，先找老闆預告明天報告的重點，再根據老闆的回饋調整，讓隔天的報告更完整。
5. 向老闆報告之前先做沙盤推演，針對老闆可能的問題模擬作答、預先準備資料。
6. 如果老闆問了沙盤推演之外的問題，就記起來，累積完整的題庫。

善用老闆的戰力

「老闆開口要幫忙，是陷阱題嗎？」

我碰到公司同事時，有時會問對方：「最近怎麼樣？有沒有什麼事情是我可以幫忙的？」然後我會發現，大家常常一臉猶豫，好像想講什麼，又不知道該講什麼。

我們在工作場域也時常能看到另一種對話，老闆說：「有什麼事情都可以找我聊，我辦公室的門都是開著的！」但，是真的什麼事都可以跟老闆聊嗎？聽到這句話之後，讓我們總有衝動想講些什麼，又覺得好像還是不要講好了……。

有人會問我：「這是不是老闆表示友善的場面話呢？如果提了一些問題，會不會讓老闆覺得，是自己的能力不夠、沒辦法把工作完成、沒辦法解決問題？另一方面，就算提出問題、事情做不完，老闆也不可能跳下來動手幫忙吧？」

甚至，如果說出和同事相處上的問題，還會擔心老闆覺得：這種雞毛蒜皮的事情也要來煩他？

於是乎，到底什麼問題可以講、什麼不能講？該怎麼回答老闆的靈魂拷問？還是一律跟老闆說「沒事，一切都很順利，老闆你不用擔心」？

職場裡，處處上演著小劇場，接下來就讓我扮演老闆的翻譯蒟蒻，讓正在閱讀這本書的你，能更充分理解老闆開口要幫忙時，員工該抱著什麼心情；下一次聽到類似的問題，也更知道怎麼回應。

其實，當老闆向你問起「有沒有需要幫忙」時，通常不是陷阱題，也不是社交或禮貌，就只是非常直白、純粹字面上的意思：你目前有沒有碰到任何問題？

被問到的員工也許會嚇一跳，暗忖：「老闆是不是故意問問看，看我有沒有哀哀叫、是不是能力不足？老闆會不會希望我回答『沒事，一切都很好』，然後他就可以悄然離開？」但事情絕對不是你想的那樣。

大部分的老闆都非常討厭「意外的驚喜」。什麼意思呢？假設有個專案交給員工來做，三個月之後要交，老闆不會希望最後一天才看到成果，更不希望看到的成果還跟想像有出入。

這有點像出門去玩，搭上火車，會希望看到窗外風景，有山、有橋，有藍天、大海飛逝而過，不但你知道自己在前進，而且當你看到著名的地標時，就知道離目的地又近了一點。

搭飛機時，很多人也喜歡坐在窗邊（就算窗外只有一堆雲），享受航向終點的移動感。現在很多飛機座位前方也有螢幕，可以選取畫面，看預定航線、看螢幕中的小飛機圖示慢慢飛行移動，知道自己一直走在對的道路上：因為理解到現在的位置在哪裡，面對接下來要發生的事情，才會有安心感。

當老闆問起「你有沒有需要幫忙」，其實也就是想知道我們「身在何

處」；而背後的潛台詞是「在期限內，是不是有機會順利達陣？」換言之，老闆只是要確認你碰到什麼問題？如果有，他可以做什麼。

既然是如此，當下次老闆問起「有沒有什麼事情是我可以幫忙的？」你就照實回答吧！假設這個專案有三個月的時間，已經過了一個半月，老闆問起「最近怎麼樣」、「有沒有什麼需要幫忙的」，如果真的進度順利，可以回答：「老闆，沒問題，現在專案進度一切順利，會如期上線，不用擔心。」讓老闆安心又開心，你也可以繼續推進。

反之，我們工作上難免碰到邊邊角角的問題，甚至可能衝擊到進度，這時候，大部分的人心裡會嘀咕：「我不要亂講，萬一惹得老闆跳腳，該怎麼辦？反正我現在會延遲，還不如最後爆了，就讓老闆罵一次。」

絕對不要這樣做！除非你打算在案子結束後馬上離職，連自己的職涯口碑都不顧了，否則，應該要在碰到狀況的當下釋出訊號；甚至，更好的做法是：當老闆還沒有來問「有什麼需要幫忙」之前，你先舉紅旗、尋求協助。

我知道這做法違反直覺，對很多年輕上班族而言，更是想不到的概念，但你在職場上想要長治久安、想要獲取信任，最安全的策略，其實永遠都是尋求協助。

但我要強調，尋求協助時，有一條線要拿捏，並非所有的問題都可以提出。比方說，**如果這問題根本是雞毛蒜皮，說出來大家聽了都會笑；或是這件事情本來就是你該解決的，提出問題就等於是自毀前程。**

舉例來說，老闆問：「有沒有什麼我可以幫忙的？」你回答：「我要去影印，你可以幫忙送紙嗎？或是換個墨水匣？」

這當然不行。

或者你對老闆說：「這個案子很消耗腦力，下午我覺得有點睏，擔心會睡著，不然你幫我去買杯星巴克？」這當然也很蠢（雖然我猜不會有任何人這樣做），因為送紙、換墨水匣、買星巴克……，根本不需要動用老闆的力量，任何人都可以幫你做，拿出來向老闆求救就是惡搞自己。

還有一種NG對話：你是負責寫程式的人，卻嚷嚷「老闆，這個code

有點難，你來幫忙一起開發好不好？」如果這件事情本該由你負責，那也不要拿出來講。

不過，萬一你現在負責的專案大幅偏離計畫，譬如在一個技術點卡關非常久，你原本以為翻翻書就好，結果找了很多資料、問了很多人，團隊都徹底卡住；你發現原因可能出在第一次做這個專案，力有未逮，這時當老闆問起：「專案現在怎麼樣？有沒有什麼需要幫忙的地方？」你就應該坦誠以對，甚至在老闆還沒關心之前就主動呼救。

而在呼救之前，你一定要先思考：**如何借用老闆的力量，把狀態矯正回來？你要準備好解決方案，而且不要只有一個解決方案，最好有兩、三個。**

比較好的對話可能會像下面這樣：

老闆問：「有沒有碰到什麼問題？」

你回應：「老闆，現在我們遭遇了技術難題，會造成專案進度延遲，所以我恐怕需要你的幫忙。我想出兩個解法，第一個解法，我們能否徵調另一事業單位非常強的工程師A？如果他能加入我們，很可能可以解決這個技術難題；或者，我們可以外包給公司外的B、C兩位工程師，其中B的資歷比較淺，可是價錢比較便宜；C比較資深，相對費用就比較高。我表列出他們二人的可能工期、費用表，請老闆過目……。」

這樣一來，老闆才知道怎麼幫你啊！如果只是對老闆說：「我們碰到技術問題，現在卡住了，我不知道怎麼解。」試問，老闆會解嗎？他可能不是技術出身的，難道要他現在開始學寫程式、陪著一起抓錯嗎？這當然是不可能的。

當你沒有把自己的功課做好，卻給老闆一個無解的難題，而老闆幫不了你，老闆自然不開心，不開心一定就怪你；換句話說，你一定要在專案或者工作碰到阻礙的時候求援，可是你不能只做一半，而必須要提出對應的解決方案。

專案難免有各種突發狀況，而老闆最討厭的是到了截止期限，員工才說

「我很努力想要化解問題，但我一直嘗試卻解決不了啊」，老闆會很生氣開罵，質疑員工為什麼不早講。

很多員工被罵之後，心裡很委屈，殊不知老闆在意的是：你獨立完成專案，可以拿一百分；若因為一些問題卡關了，但你想出別的解法，搭配老闆的支援，最後專案依舊如期完成，那你至少也有九十分（而且這樣的專案經理很有責任感、很有管理專案的能力，之後可以持續重用）。但如果你埋頭苦幹，遇到問題又不求救，最後無法如期完工，那就是零分了。

所以當你下一次碰到老闆問起「有沒有什麼需要幫忙的地方」，需要時請大膽地用一種「非他莫屬」、「只有他才能幫忙」的方式提出吧。大部分老闆沒有道理不幫，不論是提供設備、核可資源、調度人力、展延工期等，讓老闆知道現在卡在哪裡、可以怎麼幫你。站在老闆的立場來看，他不幫忙，最後專案失敗，對他有什麼好處？他還恨不得你早一點告訴他卡在哪裡，讓他可以跳下來幫你排除障礙。

從老闆的角度來看，員工在求助的同時告知老闆該怎麼出手幫忙，讓公司順利完成專案，老闆會覺得這個員工超讚、超有責任感，是有「大局觀」的人。老闆要的正是這種具備大局觀的員工，而非拚死拚活、無法完成，還跟老闆哭說「已經很努力」了。

說來可能有點殘酷，但在職場的現實是：**苦勞一點都不重要，功勞才有用**。什麼叫做功勞？功勞就是結案，就是把東西做出來。

最後要提醒的是，某些老闆確實可能說說場面話，尤其當他是沒有實權卻只承擔責任的那種中階主管，那他就有很高的機率希望你講「沒問題」；或者，這個老闆很懶惰、不想管事，偶爾在電梯碰到你寒暄兩句，那就是場面話。當你呼救之後，發現沒有答案、老闆不接球，那麼你自然可以清楚拿捏之後相處的尺度。

但我真心覺得，大部分的老闆都希望你告訴他真正的狀況，因為沒有老闆喜歡意外，能夠預先化解問題於無形，絕對會是他的優先選項。

大人的 Small Talk

1. 老闆大都不喜歡意外，能預先化解問題於無形，絕對是優先選項。

2. 當老闆問起「有沒有需要幫忙」時，照實回答是上策，可以建立老闆對你的長期信賴感。

3. 碰到可能衝擊進度的問題，應該在被問的當下就釋出訊號，甚至自己主動向老闆尋求協助。

4. 呼救之前先思考：如何借用老闆的力量，把狀態矯正回來？最好準備兩、三個「需要老闆出手」的解決方案，老闆才知道怎麼幫忙。

5. 若員工求助的同時也告知老闆怎麼幫忙，讓專案順利完成，老闆會覺得這個員工是有「大局觀」的人，形成正面印象。

6. 尋求協助時，避免提出「雞毛蒜皮」或是「本該由你解決」的問題。

7. 某些老闆確實可能說場面話，當你呼救，老闆卻不接球，這時候就建議你好好評估以後跟他的關係，或許不是值得長久跟隨的老闆！

解碼弦外之音

老闆不把話講清楚，難道要部屬「通靈」？

一位聽眾曾向我拋出一個問題：為什麼在公司裡，老闆要員工做事情，卻不講清楚需求，常常說話模稜兩可、似是而非？這位聽眾覺得很奇怪，而且他認識的幾位老闆都是這個樣子。

為什麼老闆不把「該怎麼做」講清楚，讓員工方向更明確、做事情更方便？提問的聽眾大概二十多歲，進職場沒有多久；我想，這個問題是年輕上班族一定會遇到的。

其實，我年輕時，也曾和這位聽眾朋友一樣困惑。當時我發現很多老闆、客戶都不把話講清楚，要我去揣摩。等到我做出成果交給他們的時候，他們看了卻只回一句：「這不是我要的……。」我心裡第一個反應是：「真是××的，你不要這個，怎麼不早點講呢？為什麼要等我花很多功夫，還加班，做出來才跟我說不要？如果你不喜歡這個東西，當初就要講啊！」所以，我完全可以理解這位聽眾的心情。

可是，我創業十多年了，先前也當了多年主管，我回想自己在某些特殊狀況下，確實也會語帶保留，不把話說死。以下，我列出老闆講話會含糊不清的六個原因，以及應對上的建議，供你作參考。

• 老闆溝通能力不佳

能當老闆的人不一定溝通能力都很好。以前我讀大學時就發現，很多教授非常厲害、研究一流，可是講課不一定好；同樣地，老闆可能善於創業，對產業非常熟悉、懂技術、會做產品，可是溝通能力不見得是他的強項。

你可以試著跟其他同事聊一聊，尤其是老闆面前的大紅人，問問他們是不是有同感：「老闆講話時，我有些聽不太懂耶，你也會這樣嗎？」如果你問了一輪之後，發現大家都有同感，那表示老闆確實是溝通能力相對較弱的經營者。

這時候，反正老闆可能有其他強項（否則你不會待在他身邊啊！），你也不用太苛求，試著多多跟他溝通，善用自己的溝通能力、提問能力、探究需求的技巧來幫助他釐清想法，了解他話語背後真正的意涵。

・老闆不願負最後的責任

有些老闆要求部屬扛起重大任務，而這件事情影響重大，有機會讓業績更好，也可能讓業績更差，可是老闆自己對結果也沒有把握，就會把自己的需求模糊化。

舉例來說，老闆想要找一位帶點爭議的人氣網紅，讓他代言產品；然而，公司過去的行銷路線並非網紅策略，老闆想試試看，又怕花錢沒有效果、不想負起責任……。

於是，老闆把你找去，對你分析：「現在很多網紅做直播，帶貨很成功，我是沒有要試啦，不過你如果想提升業績，要不要考慮嘗試？」

你也許會反問：「老闆，你是想找類似〇〇這樣的人嗎？」

結果老闆回答：「沒有啊，我沒有特別要找哪一位網紅。反正你自己參考看看，我是覺得〇〇好像還滿有名的。」

總之，所有的對話都含糊不清，而你揣摩之後，覺得老闆可能想要找〇〇做直播、帶貨。沒想到真的做了之後，消費者不買單，覺得風格不合，讓公司賠了很多錢，此時，你覺得責任是老闆要擔，因為是他暗示可以找〇〇的，結果他把責任推給你，說是你自己決定的。

這種老闆最可惡，明明是領導者，而領導者最重要的任務就是要有擔當、扛下責任。若你的老闆叫下面的人做事情，又不想負最終的責任，甚至有功勞時他還搶第一，那麼我建議你如果可以的話，就把他換掉吧。因為跟這種老闆在一起，不會學到太多東西（除非這位老闆有其他特長），決策錯誤時還賴在你頭上，讓你去揹黑鍋，這種老闆真的沒什麼好跟的。

• 溝通時，有不對的人在場

當你是某個重要專案的負責人，老闆想給你一些指示，比方說，要特別多給你五百萬元預算，而且為這個專案多聘僱兩個新人，請你去面試。

當下他確實想要給你明確的指示，可是周圍有其他專案經理在，老闆不想讓別人知道「他特別重視你的專案，要給你特權」。因為如此一來，別人會覺得不公平，所以他請你好好分析人力需求、評估預算，講這些模稜兩可的建議，最後導致你聽不懂，到底是要擴編，還是維持現況？

身為領導者，「維持公平」是重要的責任。**老闆講話不是針對一人而已，而是要面對整個團隊**，所以必須好好考量：這句話如果別人聽到，或是傳出去，是否造成負面形象？會不會引發員工不公平、不滿的感受，造成管理上的麻煩？

有的人可能會疑惑：「有時只是自己和老闆二人待在會議室裡，身旁沒有其他人，但為什麼老闆還是支吾其詞，要人家去猜他的意思？」如果是這種情況，那根本的原因恐怕出在「彼此的信任關係還不夠穩固」，老闆不確定跟你明說之後，你會不會搞不清楚狀況而四處張揚（喂～我跟大家說，老闆多給我五百萬的預算耶！）。

大人的世界真的很複雜，有些時候老闆跟你講話，不能只聽字面上的意思，還要考慮你旁邊有哪些人，同時，想清楚他要面對的人不只你一個。

・部屬提問的方法不對

曾有一位部屬負責寫稿，我校對時發現部分內容非常抽象，充斥著太多專有名詞，於是我提醒他：「我建議專有名詞要搭配簡單的例子，比較淺白易懂。」

這位同仁聽了之後這麼說：「老闆，我知道了，謝謝你的提醒。是不是以後只要遇到專有名詞，我都舉個例子呢？」

對於這樣的問題，我沒辦法提供一個非黑即白的準則，因為很多時候，工作並無法機械化的判斷，有些專有名詞需要舉例說明，但有些專有名詞，加了例子反而顯得冗贅，此時「加」或「不加」就需要人為的判斷。所以面對這位部屬的提問，我真的無法用yes或no來清楚地回答，而在他的腦海中，我可能就成了那個模稜兩可的老闆！

不是所有工作都能用標準作業程序SOP來規範，如果所有事情都有SOP，那份工作老早就被機器人、人工智慧給取代了。尤其知識型的工作是為人而服務，而人本來就不是百分之百完全照著邏輯的動物，所以我們才需要大腦來做各種處理。

換言之，有些時候不是老闆故意不給出清楚的答案，而是問題太過簡化時，老闆很難用yes或no來回答。所以回到剛剛的例子，比較好的應對應該是：「老闆我知道了，我會在困難名詞後面加上例子說明，如果有判斷不對的地方，再請老闆校對時提醒我！」

‧老闆試探部屬能否舉一反三

老闆有時不把話講清楚，用意可能在於了解部屬的能耐。以祕書這份工作來說，當老闆說「下星期三早上，約張總來我們公司開會」，普通的祕書會怎麼做？他立刻打電話給張總確認時間，不料，張總那天早上沒空，於是祕書再找老闆：「報告老闆，張總星期三不行，他問星期四可不可以？」就這樣來來回回溝通，最後才終於敲定時間，而會議場地、與會人員等事項，更要來來回回問老闆好幾次。

有人會問：「老闆自己不說清楚，只告訴祕書下星期三早上約張總，別的都沒講，這樣照著做有什麼錯？」可是請想想，如果老闆一個口令一個動作，那不是用ＡＩ或機器人就可以了嗎？何必需要真人祕書？

那麼，厲害的祕書會怎麼做？當老闆提出同樣的要求時，厲害的祕書會說：「假設這個時段張總沒空，這個星期老闆還有哪些時段比較方便安排會議呢？」

接著又問，這次的會議，公司有多少人要參加？要不要請祕書單位的同事協助會議記錄？老闆會期待張總帶哪些團隊來呢？需要用投影機嗎？要不要順便幫與會人員準備午餐呢？確認了各種細節之後，這位厲害的祕書會安排好適當的會議室、設備、餐點等，根本不依賴老闆交代。

針對老闆的問題，厲害的祕書已經「預判」整件事發生的各個環節。假使這兩位祕書的年紀、薪水相仿，三年之後，你覺得誰會升官呢？答案顯而易見。

・老闆要給部屬發揮空間

身為老闆，自然希望員工可以有自由發揮的空間。我當了老闆之後也常常思考，如果什麼事情都跟員工講得鉅細靡遺，豈不是把他們當成機器人來訓練嗎？而且把事情都講明、講死，也不見得是好事，因為很多時候員工反而可以想出更好的方法來解決問題。

我認識很多優秀的人才，他們不想要老闆講得太清楚，為什麼呢？當員工只是照著做，欠缺自由發揮的空間，便無法在嘗試和失敗中成長。

我自己當上班族時就是如此。我不希望老闆規定事情一定要怎麼做，譬如我是一位工程師，如果老闆規定程式碼怎麼寫，我會覺得「好煩喔，能不能讓我自己試試看？」說不定我會想出更好的演算法，用更厲害的函數來解決問題。

不可諱言的是，上述六個老闆講話含糊不清的情況中，也包含老闆溝通能力不足、甚至是不想承擔責任的情況，但老闆是好是壞，跟你是不是好員工，兩者是兩碼子事，就算證明老闆很不ＯＫ，你依舊可以是優秀的員工，有機會被挖角、跳槽去更好的公司，又何必因為老闆不ＯＫ，你也要跟著當個不好的員工？

上班這件事情真的很有學問，當人工智慧一步步取代很多機械化的事務，如果你總是期待老闆給出非常明確的指示，覺得「不要跟我講那麼多，告訴我怎麼做就對了」，那我強烈建議要改變這樣的思維，不然在安逸之後，伴隨而來的就是職涯上更大的苦難。

1. 老闆是不是溝通能力不佳？你可以跟多位同事探問（特別是跟老闆共事密切的同事），了解老闆的溝通能力，再合理應對。
2. 老闆是不是不願負最終責任？領導者最重要的任務是扛責任，若老闆要部屬做事又不想負責，甚至有功勞時搶第一，建議把他換掉。
3. 溝通時，有沒有不對的人在場？領導者必須顧及團隊的「公平性」，所以說話時會考量「萬一傳出去，會不會造成問題」。
4. 部屬提問的方法對不對？問題太過簡化時，老闆很難用 yes 或 no 來回答；而且許多工作本來就仰賴人的主觀判斷，無法事先說死。
5. 老闆是不是想試探部屬能否舉一反三，藉此了解部屬的能耐？
6. 老闆是不是想給部屬發揮空間？員工有發揮空間，才有機會在嘗試和失敗中成長，而且很多時候員工也可以想出更好的方法。

「專注拆解問題

接獲「不可能的任務」，怎麼辦？

如果要挑選最快激怒老闆的十句話，「不可能」肯定榜上有名。但面對不可能的任務，該如何接招，滿足老闆的需求？

戰國策裡面，有一篇〈秦興師臨周而求九鼎〉，可說是一則「關關難過關關過」的歷史故事，也是成語「一言九鼎」的由來。

在春秋戰國時代，弱小的東周還在苟延殘喘，而秦國相對強大。有一天，強大的秦國兵臨城下，向周王索討九鼎，據說這九鼎是由夏禹鑄造，既是鎮國之寶，也是權力的代表。

當周王手足無措的時候，大臣顏率跳出來，自告奮勇向另一個大國齊國求救。

顏率向齊王遊說：「秦王暴虐無道，東周無法保住九鼎，不如將九鼎贈給仁德的齊王如何？」

齊王一聽很高興，馬上派五萬大軍相助，秦國眼見齊國不好惹，於是退兵。但這時候，新的問題產生了，換成齊國準備向東周討要九鼎，對東周來說，才走了一隻老虎，又來一隻豺狼。

顏率這時又跳出來，出使齊國，向齊王感謝說道：「東周上上下下，包含周王，都非常心甘情願地要把九鼎獻給齊王，但不知道齊王打算如何運送九鼎？」齊王一開始想借道梁國（也就是魏國），不過顏率說，梁國其實也很想要九鼎，這可能有風險；齊王又提出：「借道楚國呢？」顏率說：「楚國更想得到九鼎，而且早已有所謀劃，如果借道楚國，恐怕也無法順利運到齊國。」

梁國不行、楚國也不行，齊王這時候有點不爽了，反問顏率：「那該怎麼運送九鼎？」

顏率回答：「東周也很傷腦筋啊！借道是一大問題之外，九鼎並不像是醋瓶子、醬缸子，可以揣在手上就能拿到齊國，傳說當年周武王伐殷紂王獲得九鼎，為了拉一鼎，就動用了九萬人，要拖動九鼎，就是耗費八十一萬人，何況還需要士兵保護，也需要工匠、相應的搬運工具和糧草物資。我相信齊國富庶，肯定有這樣的人力、物力，但也要考慮九鼎半途被搶走的問題啊……。」

齊王皺眉頭說：「賢卿（顏率）每次來齊國，東講西講，就是不想把九鼎給齊國？」

顏率趕緊解釋說：「東周哪敢欺騙齊國，只要齊王能決定運送路線和方法，東周隨即配合，將九鼎運到齊國……。」

齊王確實想不到方法，過了一陣子，便打消取九鼎的念頭。

小時候讀完這個故事，我覺得顏率這張嘴太厲害了。講白了，東周就是不想將九鼎拱手讓人，可是東周衰弱，只能利用秦國、齊國之間的矛盾，加上齊國和梁國、楚國之間的不睦來打混仗；後來我踏入職場之後，重新想起這個故事，卻有完全不一樣的看法。

除了顏率能言善道之外，我得到了兩個新的啟發：第一，遇到這種非常麻煩、看起來根本沒有能力、沒有技術去處理的重大問題時（就像是秦國突然兵臨城下），該怎麼辦？你其實很難想出特別的妙招，而顏率除了運用口才之外，也告訴我們：**要耐心拆解問題的細節**。

有些時候，我們在工作上真的會遇到狗屁倒灶的問題，再厲害的人，一下子聽到這些假設條件，也是無解。比方說你如果是東周人，面對兵力落差懸殊的秦國來求鼎，該投降嗎？如果不投降，開戰簡直是螳臂擋車，不論拚命或投降，看起來都是無解；而顏率卻找到第三種方法，就是拆解問題的細節，又進一步拆解細節之後遇到的困難，慢慢協商，向不同利害關係人爭取時間。

舉個例子，我自己做專案管理多年，年輕時，老闆可能不懂專案管理的細節，提出很難達成的要求，譬如在開發系統時，老闆突然要求系統要增加十個功能，一個月內要看到成果；但稍具經驗的人都知道，十個功能非常複雜，花半年都不一定能完成。有的專案經理一聽到，當下就跟老闆爭執，大呼不合理；有的則可能無奈接受，硬著頭皮拚命加班。

聽完〈秦興師臨周而求九鼎〉的歷史故事後，你會發現，真正一流的專案經理不會只有黑、白兩種答案，不會只是百分百順從或是對抗；面對老闆不可理喻的要求，可以向顏率學習。以我來說，會先問老闆：要多十個功能，目的是什麼？譬如功能一，希望讓網站回應速度更快，我則會提出其他更簡單的做法；或者我會說明：可以新增功能，但能否增加工期？同時計算人力、資源給老闆看，並請他協助排出功能需求的優先順序。

注意看，我並沒有說「我不做」，也沒有說「不可能」，我只是請老闆一一拆解需求。依照我的經驗，慢慢與老闆協調之後，原本要增加十個功能，他最後可能只請我先完成三個就好；當專案持續推進，老闆可能發現剩下七個功能並不重要。

職場上，能成就大事的人，通常很擅長在灰色地帶慢慢協調，很多問題乍聽之下無解，但協商過後，就有機會走出第三條路。

在職場裡面做事情，很多時候不能只靠直線思考，反而更像小時候玩的跳棋，跳棋要移到對面的領地，不是一味走直線，而會曲折前進，過程中甚至可能倒退幾步；而顏率的故事給了我們很好的示範，顏率從來沒有跟齊王對立，而是將齊王對東周的憤怒，轉化為齊王自身必須去面對搬鼎的技術性問題。

面對老闆看似不合理的要求，我不會對著幹，而會耐心分析問題，一一釐清老闆的期待；分析問題後發現，「人力和資源的限制」才是處理問題時的敵人。這時，有技巧的對話並不是和對方站在對立面，而是要站在同一邊，譬如顏率先讓自己和齊王站在同一邊，再共同面對技術困難，冷靜而客觀地協商。

第二，則是要**好好爭取時間，遇到愈大的難關，愈需要時間慢慢磨**，這也是清末知名企業家胡雪巖的處世哲學：事緩則圓。那就像是我們開罐頭時，打不開，不斷換角度、慢慢敲敲敲，就可以打開了；很多時候，時間是解決問題時最大的朋友，縱使我們希望趕快解決問題，但急躁也沒有用，隨著時間過去，特別的人、事、物等資源一一到位，說不定問題就能解決。

關於事緩則圓的觀念，我也大力推薦麥特・戴蒙在二〇一五年主演的電影《絕地救援》，電影描述一群太空人到火星研究，不幸遇到大風暴，麥特・戴蒙飾演的太空人音訊全無，隊長為了保住其他人的生命，只能下令太空艙升空、離開火星，沒想到麥特・戴蒙並沒有死，成了唯一一位留在火星上的人。

他經過計算，隊員要回來救他，至少也得經過四年，但所剩的食物撐不到一年，看起來應該是沒救了。不過，他冷靜下來，以植物學家的知識，一步步用非常有限的材料，把「活著回地球」這個艱鉅又難解的問題，拆解成一個個可處理的任務：例如種植馬鈴薯、修補太空艙等，再一次解決一個過程中的難題，最後解決了一堆小問題之後，他也成功地回到地球。

回顧過去的職場生涯，我很少覺得老闆的想法是行不通的（可能因為我的老闆都比我厲害），但確實曾經多次覺得：老闆開出的需求好困難。不過，我從來都不會斬釘截鐵跟他說「不可能」，而是用很多不同的問句，把老闆腦中的影像具體化，比方說問老闆：你心中成功的樣子是什麼？有什麼具體的量化數字、質化期待？一步步陪伴老闆勾勒具體的美好風景。也許老闆想得和你不一樣，那就用試誤法（trial and error），執行後，定期讓老闆檢視和掌握階段的成果。

員工之所以會覺得老闆三心二意、改來改去，往往是需求管理時出現了疏漏：可能不敢直接問老闆需求，或是老闆的先天溝通能力很差，員工也缺乏提問的能力。實際上，在執行專案管理時，員工必須化身「心理諮商師」，讓老闆說出他的夢想與夢魘，以我執行的經驗，**專案經理百分之八十到九十的時間，是用於釐清老闆的「需求」，那正是專案成敗的關鍵**，與其事後走冤枉路，不如多一些心力在前期的溝通與理解。

在台灣的職場文化中，員工被交辦任務，心中第一個念頭是希望趕快交出成績；若花太多時間跟老闆溝通，感覺都沒有實際進度，難免浮現「沒有產出的焦慮感」。然而欲速則不達，唯有清楚掌握老闆的需求，才能減少反覆修正、甚至打掉重練的風險，精準快速達標。

面對人生的問題也是類似，很多人看不到明確的成功機會，就選擇放棄，但《絕地救援》這部電影告訴我們：把自己控制不了的事情，暫時放一邊，專注在眼前挑戰，一次解決一個問題，這樣一來，就很有可能走出柳暗花明的新路徑。

1. 老闆交辦看似不可能的任務時，先別急著說「不可能」。
2. 耐心拆解問題：與老闆站在同一邊，釐清目標，計算人力、資源，與老闆討論優先順序。
3. 用很多不同的問句，或是藉由試誤法（trial and error），把老闆腦中的影像具體化。執行後，定期讓老闆檢視和掌握。
4. 爭取時間，在灰色地帶中慢慢協商、調整。
5. 職場裡，位階愈高的人，愈需要溝通，那才是人類合作的本質。
6. 面對老闆交辦的任務時，百分之八十到九十的時間是用於釐清老闆的「需求」，那正是成敗的關鍵。

爭取發揮空間

為什麼一直沒被老闆看到？

很多上班族的朋友會感慨，自己空有一身武藝，在辦公室裡卻英雄無用武之地，不知道什麼時候老闆才能睜開「慧眼」，讓自己得以一展長才。

說到這個煩惱，我會想起Sam（以下簡稱S）的提問。S是長期追蹤「大人學」部落格和Podcast的朋友，他當時是在一間大型軟體公司擔任初階產品設計師。工作一年半下來，他漸漸發現公司並不重視設計，多數時間自己都在做產品經理指定的介面，缺乏對於使用者體驗UX（user experience）的話語權。

由於產品經理根本沒有將設計納入產品規劃的流程，所以S常常沒事做，不然就是要自己找事做，而這樣的狀況早在他加入公司之前便長期存在，前輩們要嘛離開，要嘛接受現況。儘管大家都有意識到這個問題，但每次討論到最後，解法永遠是「公司應該找一個資深的設計主管，讓他負責相關事宜」。

S陷入掙扎，一方面，他覺得在這樣的環境中，身為初階產品設計師無法成長，所以想要趕快跳去更重視使用者體驗的公司學習；另一方面，他又懷疑自己是不是在逃避難題，會不會在公司裡其實還是有他能夠揮灑的空間？他想知道，要怎麼有智慧地辨別「無法改變」與「可以改變」的事？

S的故事也讓我想起一位來大人學上「專案管理一日特訓班」課程的朋友，下課後他興奮地跑來跟我說：「專案管理原來有那麼多具體的方法，我可以透過這些方法知道這些變動的影響，甚至還可以看到人力衝突，今天真的學到好多！」

聽了之後，我開心地說：「不錯、不錯！你回去後，應該可以馬上應用在工作中。」結果我這麼一講，他忽然露出落寞的表情。

「唉，我的老闆對專案管理一竅不通，他所有的管理方法都是憑藉自己的想像和土法煉鋼，而且課堂上舉的那些負面例子，他幾乎全包了。我空有一個專案協調者（project coordinator）的頭銜，又不能干涉老闆，老闆也沒有要我運用課堂裡學到的方法去管理，我該怎麼辦？」

我每次聽到這樣的哀嘆，都會提醒：**組織的進步從來都是一種類似「兩人三腳」的過程**。

小時候參加運動會，我們常常會跟爸爸、媽媽、或同學玩兩人三腳的遊戲，每次兩人一組，把中間的腳綁起來，再同心協力往前走，這時候默契格外重要。一方前進，然後引動另一方跟隨，這樣才能走到終點。

我們跨入職場後，與老闆的合作其實也很類似兩人三腳。請試著想想看，世界上的知識這麼多，老闆不可能什麼都會。老闆可能一開始對產品很懂，或是對業務、行銷很懂，總之他因為一個「很懂」的特長，創業開了公司，當公司慢慢長大，便開始有各方豪傑加入。

也許老闆很會賣東西，卻不一定懂產品設計；或是他很懂產品設計，卻不一定懂使用者的體驗；或是很懂使用者體驗，但對行銷就一無所知。

我們在公司裡，可能以為自己只能等待指令。殊不知老闆根本不知道我們有雄心壯志、也不知道我們擅長某個他不懂的知識。那個知識他若根本匱乏，就更別說會想交辦任務。於是我們若只是一味空等，很抱歉，恐怕等一輩子也等不到機會。

反過來說，如果S這位產品設計師，或是前述那位來上大人學課程的朋友，真的想在公司發揮武藝，主動提出可以用更好的方法來做事，即使老闆不懂那些專業，但你覺得老闆會選擇強力阻止嗎？

對一位理性的、正常經營公司的老闆來說，他看到員工獻出一套新方法（而且是他不會的方法），比過去更貼近使用者、更能解決問題、更能讓公司賺錢，幾乎沒有老闆會想阻止這樣的提案。你先起步，老闆理解成效後，自然也會跟上來。

很多年輕朋友有一個迷思，會覺得「哇，老闆好厲害，高高在上，肯定會縝密分析大局後，做出最妥善的派工」，但現實狀況是：就算老闆跟張忠謀、王永慶、郭台銘一樣厲害，他們也不可能在經營過程中全知全能。

就像那位學了專案管理的同學，他開始能掌握專案全貌，知道怎麼去分析變動、分析客戶增加需求所造成的衝擊，包含會花多少錢、多少人力、多少資源等。

如果他拿著學到的工具找老闆懇談：「報告老闆，現在我們的大客戶有一個新需求，我分析這個新的需求會增加這些工作，而這些工作會如此影響其他的工作、資源，形成這樣與那樣的衝突，而這些成本的變動大概會是多少錢……。

所以，我現在有兩個建議，第一，我們可以拒絕；第二，我們可以接受大客戶的需求，可是需要找機會與對方討論，建議提高預算；或是第三，看看他們能不能讓我們晚兩週上線，如此可以避免增加成本⋯⋯。」

如果可以這樣有所本，透過專案管理的工具把所有細節都視覺化，讓老闆一目了然，當老闆可以聽懂他的建議，老闆會罵人嗎？老闆還會堅持想用老方法嗎？我猜機率是很低的。

我也遇過另一位學員，來大人學上了Excel的初階課、進階課之後，對於處理複雜的數字問題更有信心了，但當我們聊天時，一樣的狀況再度發生：因為老闆從來沒有交辦任何數字相關的工作給他，讓他覺得就算身懷Excel絕技，也是英雄無用武之地。

進一步深談後，我發現他在公司裡擔任總經理特助，我請他想想看，會不會有一個可能性，老闆不是故意不分配工作給他，而是老闆根本不知道他擁有這樣的技能？

我建議他，既然身為特助，自然會經手一些數據，比方說可能是某個產品的銷售數量、某門市補貨和進貨的資料等，他可以試著用Excel的樞紐分析整理數據後，梳理出自己的觀點，再找老闆提案：

「老闆，我前幾天剛好有個空閒，就拿了會員、銷售資料來做比對，我發現，商品過去主打三十五歲以上的女性，但從數據中，二十五歲的上班族、居住在台北市的女性也非常喜歡，建議接下來可以……。」

試想，如果這位總經理特助能做些事情，引動公司調整策略，進而給老闆有數據支撐的洞見和分析，甚至挖掘出針對新族群的行銷方式、新的產品設計走向，老闆會生氣嗎？我相信老闆非但不會生氣，還有更高的機率把類似的數據分析任務指派給這位特助。

記住，工作不是等來的，而是證明自身能力之後，別人再賦予機會的過程。

沒有老闆會排斥員工想要解決問題的心意和能力，但重點是：員工要先展露自己的一身才華，把「經營自己」設想成經營公司或品牌。

如果你是未來的星巴克創辦人，你甘願待在自家默默煮咖啡就好，還是要讓全世界知道你很會製作咖啡？請大聲、主動地宣傳自己的專長，這才是成功的關鍵。

回到S的提問，公司的狀況真的無法改變嗎？當S對自家的軟體、使用者體驗、使用者介面UI（user interface）等有想法，就不要癡癡等著老闆哪天指派工作。依照S所言，公司一路以來都沒有這方面的認知，老闆、產品經理可能也都沒有，所以他應該考慮挺身而出，把一些想法付諸實現。

S這樣的產品設計師若只是等待由上而下的指令，便注定會等到天荒地老，最後的結論當然是「不如離職，去另外一個更受到重視的地方」；可是換個角度想，在相對「設計蠻荒」的地方，S更應該拿出技能。

如果有想法能讓公司的產品更好，不妨直接畫出來，並主動去向老闆解釋緣由，說明為什麼會覺得這樣的設計可以讓使用者體驗更好。當老闆發現他懂、產品經理發現他懂，可以把產品改得更好，S的能力肯定會被看見。

職場是一個兩人三腳的遊戲，而非被動等待的遊戲，所以想做什麼，先讓自己具備能力，然後去做，用成績讓老闆聽懂，老闆就會跟你站在同一陣線，你們就可以一起往前走。

如果你試著證明自身的能力，卻還是寸步難行、無法改善職場處境，屆時再登入人力銀行網站、開啟線上履歷也不遲。在公司裡懷才不遇，你永遠都可以轉身離去；可是在這之前，請把「離開」當成最後一步，如何？

1. 與老闆的合作很類似兩人三腳，而非被動等待的遊戲。
2. 想做什麼，先讓自己具備能力，然後去做，用成績讓老闆聽懂，他就會跟你站在同一陣線，你們就可以一起往前走。
3. 不少人以為老闆肯定會縝密分析大局後，做出最妥善的派工；但現實狀況是，不論老闆多厲害，也不可能在經營過程中全知全能。
4. 老闆很可能根本不知道你有雄心壯志，也未必知道你擅長某個他根本不懂的技能，更別說會交辦任務。如果只是一味空等，恐怕等一輩子也等不到機會。
5. 沒有老闆會排斥員工想要解決問題的心意和能力，但重點是：員工要展露自己的一身才華，把「經營自己」設想成經營公司或品牌。
6. 如果提案有所本，讓老闆對利弊得失一目了然，甚至實際做些事情，引動公司調整策略，多數老闆不會生氣，還可能指派更多機會。
7. 工作不是等來的，而是證明自身能力之後，別人再賦予機會的過程。

「用老闆的語言溝通

怎麼提案，才能讓老闆好懂又相挺？

某次我上完課之後，一位學員跑來提問。他在一家律師事務所工作，平常會收聽我們《大人的Small Talk》，覺得內容有趣又有料。於是，他向老闆提議，希望公司也開個頻道來分享法律知識，但這提案並沒有獲得自家老闆同意。於是他想知道怎麼做才能說服老闆。

我問他：「你是怎麼跟老闆溝通的呢？」

他告訴我，他先讓老闆聽大人學的Podcast，再告訴他Podcast是趨勢，收聽人數會愈來愈多，公司應該把握機會，趕快做一檔節目，以免將來想做卻發現市場飽和了。

結果老闆只回覆「再想想、再想想」，想著想著就沒下文了。

老闆這樣的反應讓他很困擾，覺得老闆根本就是「老古董」，不願意接受年輕員工的建議，也沒有追求新事物的心思。

我聽了之後告訴他：「我不確定你老闆是不是老古董，不過我發現你在整個過程中，完全沒有用到『老闆的語言』，老闆自然無法理解你的點子到底哪裡好，也就幾乎不可能被你說服。」

我想，除了這位學員之外，對很多上班族來說，跟老闆溝通往往都是長年的痛。興沖沖提出自己覺得很棒的想法，卻一下就被老闆否定掉了，心裡也難免委屈。

但其實，有時真的不是老闆難搞，而是如同前述，我們沒有用「老闆的語言」來溝通。當大家講的話不同、注重的點不同，當然很可能雞同鴨講。你可能覺得挫折，但老闆搞不好也跟你有同感，因為他也會希望員工和他站在同一個維度上思考。

那麼，所謂「老闆的語言」，到底是什麼？

就讓我當個翻譯蒟蒻，分享一下該說什麼才能讓老闆比較願意聽、比較聽得懂，甚至能一講就讓老闆拍案叫絕，提供資源和權限。

想成功說服老闆，我認為必須通過兩個關卡。

• 關卡①：數字

這裡講的「數字」並不是微積分那類學術理論的推導，而是很直白的「數值分析」。換言之，**你必須盡量把你的點子具體量化、給出數據**。

有的人看到這裡會想：「有啊！我有拿數據出來啊！」以提議做Podcast節目為例，這位提問的學員確實有準備一些調查數據，說明現在有多少人在做Podcast節目、收聽人口有多少，甚至還清楚列出男女比例、年齡組成等。

但我得說，這既是數字，卻又不是數字！

以我當老闆的經驗而言，一般員工大多能做到這個程度，但這些還遠遠不夠。原因在於，雖然市場規模可能很大，也有些人做得很成功，可是從老闆的角度來看，這些數據還是難以讓他確定做這件事情跟「自己」或「自己的公司」有什麼關係。

老闆聽完可能還是滿頭問號：

「無論潛在聽眾有一百人還是幾千萬人，其實都跟我無關啊，難道我做了大家就會聽嗎？」

「為什麼我一定要開個Podcast節目？開了要幹嘛？」

「大家都做，難道我也一定要做嗎？」

想突破這個狀況，與其向老闆報告那些「打高空」的數字，不如花心思再把你的點子拆解得更具體，提供跟他真正密切相關的數字。

換句話說，你得把這些資訊變成老闆可以秒懂的東西，也就是用數字來回答兩個問題：

1. 要投入多少？

2. 會回報多少？

對老闆而言，點子有沒有人做過其實不重要，這點子有價值幾千億的潛在市場也不重要，畢竟看得到未必吃得到；不過，如果有什麼事情是你、公司或老闆具有優勢，可以投入一分就獲得兩分回報，甚至投入一分就十倍獲利，老闆立刻就會被勾起興趣，迫不及待地想認真檢視你提供的資訊！

所以，找老闆提案之前，你必須先想想：做這件事，他能得到什麼經營上的回報？他又得投入什麼資源，才能獲取這樣的回報？

一般來說，以「錢」來討論回報，大概最容易理解。你可以告訴老闆，這麼做可以幫公司賺多少錢。

討論「回報」時要有數字，討論「投入」也要有數字。比如說，如果你希望老闆做Podcast節目，就需要讓老闆知道買器材要花多少錢、需不需要增加人手，或者還得做什麼額外的投資，例如租借錄音空間等。

這麼攤開來思考，你會發現向老闆提一個點子之前，需要經過充分的準備才有可能成功。因為老闆如果無法清楚了解投入與回報的關係，就無法評估做這件事情值不值得，自然不可能同意提案。

再進一步想，假設他真的被你的點子打動了，那他一定會問你細節。這些細節之後你也是得研究的，所以既然到時都要研究，何不事先準備好，把握機會讓老闆對你留下值得信賴的好印象呢？

回到前面「向老闆建議做Podcast節目」的例子，如果我想說服老闆，我不會說目前有多少人在做這件事或這件事有多夯，而是會依照「數字」的概念，嘗試用以下的說法來提案：

「老闆，我最近聽了大人學的線上課程，講怎麼銷售專業服務，裡面提到一種壯大業務的策略：透過免費提供專業知識給需要我們服務的聽眾，建立所謂的『信任資產』。

既然我們提供智慧財產權的法律服務，我覺得可以做一檔Podcast節目，每週分享一個智財衝突的案例和律師的建議做法，或許就有機會多吸引一些客戶喔！

我也算過了，初期大概只需要一支收音好的麥克風，六千元左右就可以搞定，而且接上現有的電腦就能使用了。十分鐘左右的節目應該可以一次錄好、不用剪接，如果再加上準備的時間，大概四十分鐘內就可以完成一集。

Podcast市場開始起飛了，很多人都在聽。我們這節目放在收聽平台上，如果一個月能吸引兩到三個新客人，那這每週四十分鐘的投入時間，可以幫我們貢獻八到十萬的營業額。就算那個月沒有吸引到新客人，也可以逐步讓更多人知道我們的品牌。」

這麼一來，你就可以把老闆最在意的「投入」與「回報」說清楚，老闆也比較可能聽懂，甚至被你說服。

那麼，如果你盤算後發現，一分投入其實拿不到一分以上的回報呢？

我的建議是：不要冒險提案。除非你所處的產業跟這個點子關聯密切，例如你是廣播公司的員工，你提案做Podcast，雖然回報可能不如預期，但老闆或許還是會想試試看。

然而，如果你找不出自身產業與Podcast的重大關聯，比如說你在餐飲業上班，你只是因為自己很喜歡聽Podcast就想說服老闆也做個節目，那這個提案顯然大有問題。

不過，如果再看得更深入，就會發現「回報大於投入」不只是「進帳X元大於付出Y元」這麼單純而已，但很多人往往不理解這點，而是理所當然認為：「這件事情划算啊，買了器材、多僱人手之後，很有可能小賺，這不就是好點子嗎？」

但對老闆而言，除了考量投入的直接成本以外，通常還會考慮「機會成本」，也就是「這些資源拿來用在這裡，因而放棄的替代選項的價值」。

比方說，老闆可能會想：「投入這些資金來錄節目，雖然能賺到一些錢，但如果我們不錄節目，直接拿這些資金或是錄製的時間去做另一件事情，搞不好效果更棒，還更輕鬆。」

說到這裡，我們也能連結到另一個概念：很多老闆還會算入他自己直接投入的時間。如果在你的公司裡，很多營收是靠老闆自己直接獲取的，他就會更在意他的時間如何運用。以我來說，如果同仁的提案必須耗用我很多時間，回報卻沒有很高，那我一定會否決，因為我的時間可以拿來做更有產值的事情。

所以，你不能只覺得「這是一個機會」就衝動提案，其中「投入」與「回報」的合宜性，務必先想清楚，有個好的論述。

當「數字」的部分思考過了，再來就要面對說服老闆的第二關。

• 關卡②：可行性

如果你提到的投入與回報讓老闆覺得滿划算的，那麼接下來你勢必要說明**「可行性」，也就是「具體打算怎麼做，以實現投入與回報的假設」**。

老闆通常也不是笨蛋，雖然你提出一個「投入一倍、回收三倍」的點子聽起來很棒，但老闆心裡很清楚，如果這件事情無法獲得落實，CP值再高都是白搭。

你打算怎麼進行？會不會妨礙平常的工作？誰來設計題目？誰來協助錄音？誰來上傳？如何評估聽眾的反應？誰來評估？這種種細節老闆必然會問起，而你需要事先準備才能回答。你如果雙手一攤都說不知道，那這件事情當然就會卡住。

因此，「事先思考可行性」至關重要，但我發現很多人卻常常忽略。例如我曾在某場「創業募資說明會」（pitch meeting）上，聽到有簡報者告訴大家：「全球罹患某個疾病的人口高達幾億，所以檢測的需求很高、市場很大，所以他們公司打算投入這個領域」。

他陳述的固然是事實，但我聽完最直接的想法是：「那你打算怎麼做？為什麼你認為自己的新創團隊可以搶下這個市場，而不是其他更大、更成熟的公司呢？」

以「提案做Podcast」為例來看，如果你只是把「回報大於投入」算給老闆看，其他什麼都沒說，那老闆也還是有滿高的機率否決提案，因為他看不出來你打算如何達成預期的數字。當然，你也不必把計畫定得鉅細靡遺，因為提案之後，老闆可能還會提出不一樣的想法，但你至少不能漏洞百出，甚至一問三不知。

另外，很多人常有一個盲點，覺得自己有個好點子，只要告訴老闆，老闆就可以指派別人去做。我要鄭重提醒，請千萬不要提出自己不打算執行的點子！

為什麼呢？

「向上管理」其實有個重點，就是你提出了有把握的點子，然後你把它做好，成為你的戰功。

但你若只是丟一個點子給老闆，其他問題都答不出來，甚至老闆問你要不要執行，你還慌忙拒絕，那這反而會是最糟糕的出牌，大概只會降低他對你的信任！

說到底，其實老闆沒有大家想像的這麼難溝通，想說服他們，你只要在提案前審慎思考「數字」和「可行性」，大多數理性經營的老闆會願意撥資源讓你試試看。所以，也請做好準備，一旦老闆同意提案、指派給你，就勇於接下、好好發揮！

大人的 Small Talk

1. 提案說服老闆的第一個關卡是「數字」，你必須盡量具體量化、給出數據。
2. 提案時，提供真正跟老闆密切相關的數字，也就是用數字來回答兩個問題：
   - 要投入多少？
   - 會回報多少？
3. 如果你的提案可以讓公司投入一分後，獲得一分以上的回報，通常能引發老闆的興趣。
4. 如果你評估後，發現自己點子的回報少於投入，除非這個點子與你所處的產業密切相關，否則建議不要冒險提案。
5. 「回報大於投入」不只是「進帳X元大於付出Y元」，因為老闆通常還會考慮「機會成本」，也就是「這些資源拿來用在這裡，因而放棄的替代選項的價值」。

6. 提案的第二關是「可行性」，也就是「具體打算怎麼做，以實現投入與回報的假設」。

7. 思考可行性時，不需要把計畫定得鉅細靡遺，因為老闆可能還會提出其他想法。

8. 請千萬不要提出自己不打算執行的點子。「向上管理」的一大重點，就是你提出有把握的點子再做好，成為你的戰功。

「開會，速戰速決

”不想在會議裡浪費生命“

「要怎麼跟老闆開一場有效率、又讓老闆喜歡你的會議？」曾有聽眾朋友說，他常跟老闆開會，卻很怕踩雷、擔心老闆不耐煩。我相信不少上班族都有類似的困擾，我想講講老闆的心聲。

說起「開會」，我腦海中直接想到兩個重點：

第一，我不敢說每個人，但我猜世界上大部分人都不喜歡開會，尤其是行程滿檔的老闆；換言之，開會通常是工作上的「不得已」。

所以，每次開會時，如果能掌握一個最核心的原則，「讓會議很簡潔、很迅速、很精準地講出重點，大幅縮短開會時間」，我猜有90%的機率會最符合大部分老闆的期待。

不過，該怎麼縮短會議時間呢？這並非原本預定會議室一小時，只要縮短成三十分鐘就能輕易辦到；因為若開會的方法不變，反而演變成會議時間不夠，最終開會還是得花上一個小時。

縮短會議時間的關鍵，是讓與會者（尤其是老闆）快速吸收資訊，不僅聽懂，而且是秒懂，才能快速做出好的結論。實際上，不同老闆在開會時有不一樣的習慣，而針對老闆「接收資訊」的偏好風格，我大致整理出了四種類型：

類型一：老闆喜歡先聽大方向，如果是這樣，你要先講結論。

類型二：老闆喜歡投影片簡報，你報告時，勢必得準備投影片。

類型三：老闆享受條列式的重點，不一定要給他投影片，只要能以文字清楚呈現，他就滿意了。

類型四：老闆想多聽細節。比方說你分析公司某產品出包的狀況，他會很想知道如何避免出包的種種細節、研究數據；如果你無法掌握，他可能會不爽，然後拚命問問題，你一答不出來，馬上會被釘在牆上。

你的老闆是哪一種，可能需要你小心觀察，這樣才能在最簡單的投入下創造最滿意的會議效果。

那麼，我自己到底怎麼看待會議這件事？接下來的分享，我不敢說是標準答案，只是我自己的一些管理心得，四個關於「開會」的建議：

• 報告時先說結論

我很喜歡先聽結論。為什麼呢？因為我聽到結論之後，有很高的機率再問一、兩個問題，就能大概理解整個過程。偏偏有些人喜歡那種「從前從前」的表達方式，就是從「某一年某一月某一日碰到什麼問題，所以開始做什麼樣的研究，然後……」這樣一路講下去，但多數時候，緣起並非會議中最重要的議題。

包括老闆在內，多數與會者希望知道會議結果將導向什麼、為什麼要做這件事情、要花多少錢、會得到什麼好處等。而站在老闆的立場思考，他可能也最在意「結論」，除非他想知道緣起，那時候再補充也不遲。

我建議大家：剛到一個地方上班，面對第一次會議，如果是我，一定先從大方向報告起，順序是「從結論到細節」。

當我跟老闆開了幾次會之後，發現老闆若總是挑剔我在某個議題、某個細節上講得不夠，那我就會在之後的會議逐步增加內容。最忌諱的是一開始你對老闆的風格還不熟，開會時就秀出一大堆投影片，從古早的歷史緣起講起，那通常不是好策略。

・會議要掌握重點

「拿出一份沒有經過消化、思考的龐大簡報，投影片內容包山包海，又逐字逐句唸……」，不少老闆對這樣的行為很頭痛，會覺得太碎嘴。你可能會問：「該怎麼判斷老闆嫌我太碎嘴呢？」當你匯報時，老闆一直說：「跳過、下一頁！講重點！」那就表示不妙了。

老闆請你跳過的所有資訊，通常都表示那些東西對他而言不重要，所以下一次報告時，你必須做出取捨，在很精簡的篇幅之內，讓老闆覺得這是重點，會議才能真正把時間用在刀口上。

有些人習慣「開會時必備投影片」，我甚至碰過有人來面試之前，準備了整整三十分鐘的投影片，一方面自我介紹，一方面講未來展望。我認同他事前準備應該很辛苦，也確實很有誠意。

可是畢竟我們從未談過，他也不知道我的期待，所以這位面試者講了很多內容，但常常會與我對該職務應該具備的職能有落差；而且面試者又與我是第一次見面，我也不太好意思打斷他說：「你這樣不對，不要再講了。」只好忍耐一路聽完。

結果他很辛苦地做、很辛苦地講，我也很辛苦地聽，最後我對這位求職者的印象反而是扣分的，這樣不是很冤枉、也很可惜嗎？

• 盡量減少會議

我自己會希望會議愈少愈好。出於這個原因，我不喜歡召開進度會議，尤其是當該進度會議只向我報告時，我就會思考能不能取消這種會議。這背後的思考來自於「降低重工」，避免工作重複進行。

很多老闆可能覺得自己平常工作忙、沒空分神看報告，所以每星期固定約好一個時段讓員工報告進度，藉此掌握公司經營的全貌。但我一心覺得，這是非常錯誤的管理方式。

如果某件事的進度狀況很重要，譬如說要跟美國白宮簽訂合約，那肯定會是公司裡面層級最高的專案，身為老闆一定每天盯，專案經理只要更新了進度數據，老闆多半就會第一時間親自讀了，還需要專案經理在會議上重新唸一遍嗎？就算老闆因為看不懂報表或是對技術上有任何問題，也只要聯絡專案經理就好。因為重要專案最在意「即時性」，等進度會議召開時再來盯，根本緩不濟急。

但如果某些專案不太受到老闆重視，或是老闆覺得慢慢來也沒關係，又何必敲時間召開進度會議？在這種會議上，往往也只是員工報些流水帳，但老闆其實心不在焉。

此外，定期開會的管理模式還有一個問題，就是這些真正重要的事情，老闆以為可以「會議上聽完報告，再來做決斷」。但事前若沒有時間認真讀報告、沒有心力去消化，會議上的決策其實只是高度仰賴直覺，但這麼一來，決策的品質通常可能不好，經營風險也隨之升高。

而且這種進度會議會使公司一步步陷入惡性循環：有些老闆沒時間思考就召開會議，想在開會時做出判斷，但會議一多，能夠思考的時間就愈少。與其如此，不如取消會議，多留一些時間給自己思考、盯細節，增進決策品質，員工也可以花更少的時間準備會議、製作投影片，避免深陷會議之中；他們若能將更多心力投注在工作上，反倒能讓公司步入正向的循環。

• 開會時要有自己的想法

不少上班族容易犯的錯誤是：自己沒有想法、沒有觀點、沒有結論，還找老闆進來一起開會。有時候，我也會碰到同仁要跟我開會，走進會議室後，員工說：「老闆，最近發生一件事情我卡住了，你可以幫我嗎？」參加這種會議時，我一定會生氣，為什麼？

同仁身在第一線，往往比我更專業，他應該調整的對話是：「老闆，我有個技術卡住了，可是這個技術很重要，我也覺得公司應該培養這個技術。

我調查後，找到了課程A、B，我可以去上課、學習，A、B課程各有優缺點；不過，因為這個技術短期內只會做一次，所以我們也可以考慮外包，以下是幾個選項……。」

這樣的對話才能讓老闆覺得開會有意義。簡單說，如果可以，盡量不要對老闆提出申論題，除非是在專案起點，要訪談需求、了解目標、知道限制；否則當專案持續推進，就應該做好準備，讓每次開會都有所依據，這麼一來老闆就不會討厭跟你開會了。

那麼，什麼樣的會議可以丟出申論題呢？舉例來說：創意發想的會議。若明年有新產品規劃，那大家可以發散討論、提案。

還有要收斂決策時，也可以在會議丟出申論題，比方說，公司可能決定了三種產品形式，最後只能做一種，於是開會讓眾人討論選A、B或C背後的原因。

不過這些會議要有成效的關鍵，是大家事前得做好準備，會議中才能拋出靈感。要留心的是，如果臨時召集大家腦力激盪，也只會獲得膝反射式的討論，多半也是難以形成有效的結論。

不論是蒐集概念、創意發想、收斂決策，若需要做決定的人沒有事先做好功課，在會議上顯得一問三不知，根本不知道現在要討論的議題，那會議主持人應該當機立斷喊卡；如果真的有人始終無法進入狀況，那透過會議，也可以看出此人可能不適合待在決策團隊之中，此時應該只留下真的願意做功課、在意這個議題的利害關係人。如此一來，會議才有意義、才能對公司有幫助。

大人的 Small Talk

1. 開會時要掌握一個最核心的原則：讓每次的會議都很簡潔、迅速、精準地講出重點，大幅縮短時間。

2. 縮短會議時間的關鍵，是讓與會者（尤其是老闆）快速吸收資訊，不僅聽懂，而且是秒懂，才能快速做出好的結論。

3. 應該針對老闆「接收資訊」的偏好風格，採取相應的報告方式。

4. 如果開了幾次會之後，發現老闆總會關注某個議題、某個細節，之後開會就要逐步增加這方面的內容。

5. 開會原則一：報告時先說結論，老闆聽到結論後，很可能再問一些問題就能大概理解整個過程。細節則可視情況再補充，應對上更有彈性。

6. 開會原則二：掌握重點，避免內容包山包海，又逐字逐句唸。最忌諱對老闆的風格還不熟悉，開會時就秀出一大堆投影片。

7. 開會原則三：盡量減少會議，「降低重工」；也要盡量避免「會議上聽完報告就仰賴直覺做決斷」。

8. 開會原則四：要有自己的想法、觀點、結論；除非是創意發想或訪談需求之類的會議，否則盡量不要對老闆提出申論題。

9. 有些老闆沒時間思考就想趁著開會時做出判斷，但這樣的決策品質通常不好；而且會議一多，能夠思考的時間就愈少，陷入惡性循環。

「練就向上流動的氣魄

”升任主管是一種成長痛，不當不行嗎？“

聽眾S的問題已經困擾他多年。他來信說：自己從小是內向的人，舉凡需要在眾人面前發表意見、報告，他都非常緊張。畢業後，他在職場中也難逃這種窘境，甚至不舒服的感覺變得更加嚴重，他會心悸、拉肚子、失眠等；但是，他很幸運，遇到了一位賞識他的主管，常常把重要的專案交給他負責，然而，只要他必須上台報告，從知道的那一刻起就會變得非常不安。

身處專案的每一天，S都過得非常不開心，直到報告結束，儘管主管稱讚S做得不錯，但他總覺得心力交瘁；後來，S的主管獲得升遷的機會，S

被推薦接任，但他自覺能力和抗壓性不足，馬上推辭，後來還被父母訓斥了一頓，覺得他不懂得把握機會。

幾年後，S再度獲得上級「青睞」的目光，要求他參加主管會議、做專案的上台報告，這也讓S的惡夢重新上演。S從理性面思考，知道這當然是絕佳的機會，畢竟，誰不想升遷、加薪呢？但他真心想逃避，每天也問自己，為什麼要把日子過得這麼痛苦，難道不當主管不行嗎？

讀完S的來信，我的第一個建議是：**你有很高的機率是逃不了「當主管」這個挑戰的**。除非你的技能可以單兵作戰，也就是憑藉一己之力以一擋百、解決特定問題，而所處的單位又沒有營收的壓力、不需要團隊、不用面對客戶，那大可以躲起來，老闆也沒有非要拔擢你成為主管的理由。

只是若你不是什麼技術大神，那上班族幾乎到了一定的年紀，就要努力爭取擔任主管，否則，職涯的路就容易卡關。

這背後的原因是：年資增加後，你往往會期待薪水提升，假設二十五歲開始上班，每年調個5％、8％的，等十年後，你的產能有可能已不足以支應你的薪水。也就是說，縱使你很強，一個人能夠做的事情終究有限，這時候，公司就會開始盤算：付你那麼多錢，你還是只能做一個人的工作，這好像不太划算。於是乎老闆就會判斷，你有沒有機會將能力槓桿出去？

所謂的「槓桿」，舉例來說，是讓一位出色的員工成為主管，試著帶領五隻菜鳥組成團隊，發揮五倍、六倍、甚至十倍的功效；這樣一來，公司不會覺得在老鳥身上花很多錢卻價值很低，因為老鳥帶領的團隊可以出門搞定客戶、向客戶提案新產品。只要這個團隊能獨當一面，你的價值自然大增。

在這樣的推論之下，當公司是營利單位，就會希望你可以成為主管，往上晉升、發光發熱；若你始終不行，便是危險的徵兆，時間一拉長，幾位長官發現你難成大器，說不定你可能會被組織拋下。

第二個建議，**找出個別的自我定位**。以S來說，如果覺得上台簡報、面對長官和客戶是非常困難的，也可以試著在身處的組織中，找到自己更加明確的定位，也就是其他不可或缺的位置。

也許自己不擅長簡報，可是非常善於手把手教導後輩，幫公司培育更多的工程師；或者，也許不擅長簡報，但每當客戶有疑難雜症，都可以幫忙解決；或是有強大的研發能力，偕同幾個年輕工程師面對電腦即可，那在公司也會有立足之地；又或者，也許不擅長簡報，但人脈很強，懂得募資、幫助組織帶入金流。簡單說，創造出其他「非你不可」的產值，無法上台也就不是缺點了。

而我的第三個建議是：**找機會盡量練習簡報**。如果其他選擇不存在，那也可以試試看自己能不能把簡報練強。不單單是S，其實我自己也是內向的人。二〇〇四年後，我開始投入企業教育訓練，這並非我主動爭取，而是老闆徵詢後，要我和公司外部單位合作。當時，我從來沒有上台演講的經驗，儘管膽怯，但一心想著既然老闆給我機會，就去試試看吧。雖然我不像S會緊張到拉肚子、心悸，但我會設想各種負面狀況：

「萬一上台後，忘詞該怎麼辦？」

「台下學員丟出的問題，我不知道如何回答，又該怎麼辦？」

那樣的緊張感從我知道要教課的第一天，直到課程結束為止，心情才會平復；而我與許多教育訓練的講師聊過這個問題，除非是天生外向的人，否則很多講師都有相同的緊張感，S並不寂寞。

只是S可能更為敏感，將感知放大很多倍，但如果願意，可以透過多練習來加以克服。以我為例，自我訓練了快二十年的時間，針對一門課程，反覆講過的次數增多，一旦習慣，就不那麼緊張了。雖然上台前，我還是會忐忑、會擔心忘詞、講不下去，但是刻意練習到了一定程度之後，原先膨脹的「緊張感」會慢慢和緩。

坦白說，與我的「教學」工作相比，讓S擔心的簡報有明確的腳本，上台之前，不論是面對客戶的商業提案，或是專案的進度簡報，甚至是對老闆的報告，其實都有樣本可以參考，第一次準備好之後，接下來往往是替換簡報的特定頁面。完成數次簡報之後，就會習慣這件事，心中的安全感也會跟著提升。

如果S很認真想要把「上台報告」這件事情做好，我建議，可以找一些人幫忙，例如同事、好友、親戚，讓大家聽完、聽懂之後，給予一些鼓勵、建議，漸漸地，會發現自己的簡報能力並沒有很差。

而自信心就像是肌肉，當你投入重量訓練，肌肉會強健；若你反覆練習原先不適應的事情，做久了，自信心就會被疊加起來。練習的初期，肯定會覺得不舒服，但千萬不要逃走，要學習沉穩、學習忍耐，走過害怕的階段，就會變強了。

如果你也像S一樣，上台時容易緊張，你甚至可以試著找一些「比較不重要」的上台機會。這是什麼意思？

身處職場，上台報告時萬一搞砸了，老闆會震怒；如果向更高層的老闆簡報，還可能不只是自己遭殃，更禍及整個部門；又或者對客戶簡報時，若是講得不好，原本上億元的訂單忽然告吹，幾乎會把公司搞垮……，這些都是「非常重要」的上台機會，也難怪個人的心理壓力變得十分巨大。

而「比較不重要」的上台機會，是建議你找一些相對不重要的主題，譬如休閒聚會、早餐會、商會等，你有機會上台，稍微向在場的其他人介紹自己在做的事情。如果你覺得就連在這樣的場合說話，也會害怕，那還有一個方法：問問之前畢業的學校，從高中到大學、研究所，以學長、學姊的角色，回去跟學弟妹分享職涯的甘苦談。

不少老師、教授都很樂意接受校友返校分享，坦白說，到這樣的場合演講，幾乎沒有人認真在聽，也毋須懷抱得失心，講得好、講不好都沒差，反正現場也沒有什麼人認識你。透過這樣的練習，你便能習慣站到台上，而在台上站久了，自然培養出穩定度、舒適感，之後漸進式轉換到重要的、非常重要的上台機會，你能更得心應手。

最後，如果要承擔責任感的壓力，已經超過正常人不安的範圍，你自己努力練習之後，還是抑制不住恐懼感，不妨試著尋找外部資源，像是諮商心理師等，藉此改善焦慮的狀況。這並不是丟臉的事情，就有如頭痛去看醫師，如果能治療好問題，讓生活回歸常軌，那不是很好嗎？

理想上，我們都希望能與老闆一起成長，老闆也希望你能對得起薪水、成為帶領團隊的主管；但如果受限於個性、能力，難以跨越障礙，跨不過去就不要勉強自己。若你是魚，如何爬樹？與其全力跳出水面、最後窒息，不如去找到魚兒自在悠遊的地方，做起來快樂，才可能發揮價值。

所有的上班都是合作，你要得到好處，也要讓公司得到好處，當你輕鬆自在、富有創造力，便是最適合你的成長道路。

大人的 Small Talk

1. 面對「要不要當主管」的第一個建議是：你逃不了的。上班族到了一定年紀，幾乎都得爭取擔任主管，否則，職涯的路很容易會走向卡關。

2. 年資增加後，薪水會提升，老闆也會開始思考：付那麼多錢，你卻只能做一個人的工作，好像不太划算。於是，會希望你將能力槓桿出去。

3. 所謂的「槓桿」是說，讓出色的員工成為主管，試著帶人組成團隊，發揮更大的功效。

4. 如果害怕上台簡報，就找機會多加練習，緊張感通常是可以克服的。

5. 除了自己練習「上台報告」，也可以找同事、好友、親戚幫忙聽，給予鼓勵、建議。

6. 你也可以找「比較不重要」的上台機會，譬如休閒聚會、商會等，或詢問自己從高中到大學、研究所的母校，返校跟學弟妹分享職涯。

7. 如果你努力練習之後，還是抑制不住恐懼感，不妨試著尋找外部資源，像是直屬主管、諮商心理師等，藉此改善焦慮的狀況。

8. 每個人在職涯上都需要增長、升級，而升級的第一個前提是：找到讓你舒服的地方。如此一來，更有機會做出一番成績。

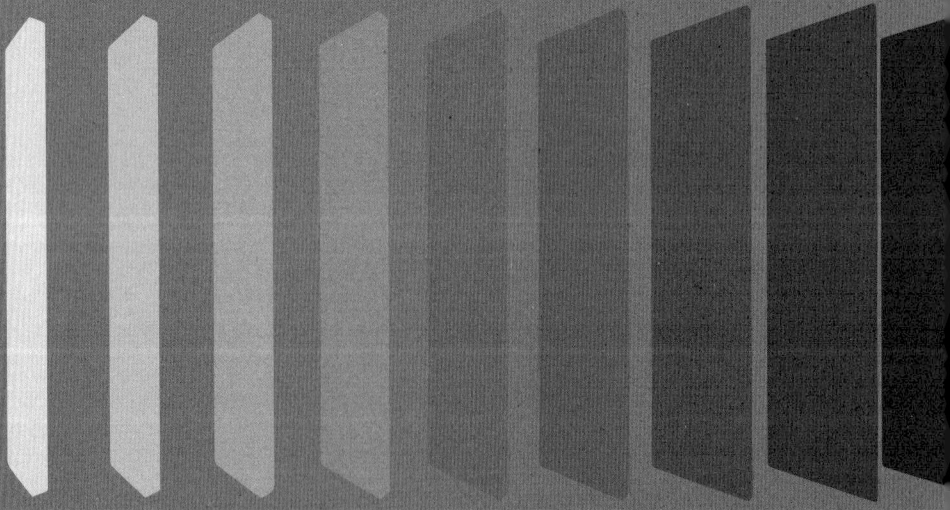

Part 3

布局：

洞悉同局競合

職場上，每個人的心態、能力都不盡相同
而同事之間，既有合作，又有競爭
每天除了面對績效壓力之外
還會碰上升遷不公、能者過勞、八卦流言等困局

究竟「職場人際」的本質是什麼？
洞悉潛伏的遊戲規則，才能從容面對各種挑戰
進而與同事互惠合作，發揮團隊的戰力

掌握職場人際的本質

經營人脈，只能靠交際？

我曾遇過一個有趣的人際關係提問，內容大致如下：某聽眾自認是個內向的人，不太擅長社交。他的第一份工作，不算喜歡，做得也有些辛苦，加上他中午偏好獨自安靜吃飯，下班後也鮮少參加同事們的桌遊、KTV等活動，讓他雖然不至於被討厭，但也說不上擁有好人緣。

過了不久，這位聽眾換了第二份工作，他非常喜歡，做得也很起勁、很有成就感，同事也相當佩服他的專業，時常跑來向他請教，而他也有問必答，樂於分享自己的心法。

他覺得很奇怪，明明自己依舊內向害羞，中午一樣自己吃飯，下班後也不跟同事交際，可是他在第二份工作的人際關係，卻明顯比第一份工作好上許多。

看到這個提問，我就想到我授課時常常強調的：「**人際關係的本質，取決於你能否滿足所在場域存在的目的。**」每個場域都有它預設的規則，新進入一個場域，你需要弄懂它的規則。當你找到答案，並成功加以把握，你的人際關係自然不會差。

大家不妨回想一下，我們當學生時，班上是不是總有些風雲人物，個性外向開朗、風趣幽默，因此身邊總圍繞著眾多朋友？這些風雲人物的形象多少影響了我們對「社交」的認知，彷彿必須具備幽默、外向的特質，才能擁有好人緣。

可是再仔細一想，應該也會想起，每到考試前，大家總會圍著班上成績好的幾位「學霸」同學問問題。只要他們願意為大家解惑，就算個性比較內向、害羞，人際關係通常也不會太差。

這是因為大家來學校，最大的目的就是「升學」，每個學生都想考出好成績，進到更好的學校就讀，至於平常的打打鬧鬧，大多也只是學校生活的調劑。由於「學霸」同學們無意間滿足了「學校」這個場域存在的目的，所以他們不見得要幽默、外向，也能有不錯的人際關係。

反過來說，當你無法滿足所在場域存在的目的，其他人要不是跟你互動時意興闌珊，不然就是根本懶得理你，你的人際關係自然也好不到哪裡去。這點我個人也有一次很深刻的體驗，是我人生唯一的一次相親經驗。

當時我研究所剛畢業，正準備入伍服兵役，有位很熟的學妹要去參加一場大型的團體相親，就是那種「男生女生分坐兩列，每談十分鐘就換位子」的活動。學妹要我跟其他幾位同學陪他一起去壯膽，我覺得新奇，也就跟著去湊熱鬧。

到了現場後我原本只是在一旁「觀禮」，沒想到當天女生人數比男生還多，於是主辦單位急著找男生補位，我和幾位同學就這樣半推半就地被拉上了前線。

聊過幾輪，我很驚訝地發現女生們對我的態度非常冷淡。大部分人都只是禮貌性地聊幾句，就不再跟我說話；有的人邊聊邊東張西望，我還記得還有一位女生甚至當著我的面開始補妝，明顯是對我沒興趣，正等著時間到要換人。

活動結束後，我和其他幾個男同學打聽了一下，發現大家的遭遇都很相似，連長得很帥的同學也不例外。

後來我才搞懂，其實那天的相親活動非常正式，參與者的年紀幾乎都比我們大，而且大家盛裝出席，都是很認真地想找到適合結婚的對象。而我們幾個一看就是剛畢業的學生，穿著也比較隨便，顯然不是這些職場女生們的目標。所以就算我再會聊天、人再幽默，他們也懶得搭理我，我不怪他們，因為是我自己違背了大家出席這場「相親活動」的目的。

當然，不是每個場域存在的目的，都像學校或那場相親活動一樣好判斷，甚至有些特殊場合表面上的存在目的和真實目的相距甚遠，就好比以前的當兵。

我當兵大約是二、三十年前的事（現在軍中狀況應該改變不少了），當時剛派到外島，我以為「軍隊」存在的目的，就是要透過扎實訓練，達到保家衛國的目標。

可是我進部隊後才發現，不管是身為義務役的我們，還是部隊裡的志願役長官們，大家的目標其實都只想平安退伍。所以，有些「過度認真」的士兵，反而容易成為大家眼中的麻煩人物。

舉例來說，遇到上級來進行裝備檢查，照例部隊應該要把所有裝備拿出來清潔保養。可是，有些裝備比較特殊，長官們為了避免遺失，反而會把這些特殊裝備上鎖，跳過不去保養，還嚴禁我們隨意碰觸。

但部隊裡有些士兵就傻傻地堅持要保養所有裝備，連那些上鎖的特殊裝備也不例外，甚至還不知從哪弄來鑰匙打開櫃子，把特殊裝備拿出來清潔，結果這些人的「認真」，最後卻換來長官的一頓痛罵。

類似的事發生幾次之後，我意識到，原來和部隊長官打好關係的關鍵，就是不要給他們添麻煩，而不是自顧自地追求極致。搞懂這點，在部隊裡的人際關係就不會太差，足以平安無事地度過這兩年。

我想透過相親與當兵這兩個經驗提醒大家，偶爾我們都會身處這種表面規則與實際規則不同的環境，這時候就一定要看懂真正的遊戲規則，也就是我們常講的「局」。有了這個概念，我們再回頭來看聽眾提出的問題，應該會清楚許多。

在職場，大家來上班的最大目的就是要一起把事情做完、領了薪水準時回家。換句話說，**「合作」就是職場存在的目的之一，也是你能否擁有好人緣的關鍵**。

在提問聽眾的經驗裡，他在第二份工作中找到了自己的天賦熱情，不僅做得更開心、更有成就感，也很快展現出專業價值，並能幫助同事解決問題。顯然這位聽眾的存在，幫助團隊解決許多工作上的挑戰，讓大家可以早點下班、提早滿足業績目標。

有了這個前提，即使這位聽眾害羞內向、中午很少跟同事吃飯，下班後也不太跟同事出遊，他的人緣依舊不會太差，因為他精準把握了「職場」這個場域存在的本質：幫助同事完成工作，順利下班！

我認為，良好人際關係的關鍵，其實萬變不離其宗，關鍵只在你是否「看懂所在場域存在的目的」。至於講話是否好笑、中午會不會和大家一起聊天吃飯、有沒有出席下班後的娛樂活動，真的都不是重點。

來到一個新場域，多留心觀察各種人際互動背後的核心價值是什麼，再緊緊地把握這個核心價值，那麼你的人際關係就算沒有一百分，至少也有八、九十分了。

1. 人際關係的本質，取決於你能否滿足所在場域存在的目的。當你把握住所在場域的規則，你的人際關係自然不差。
2. 當你無法滿足所在場域存在的目的，其他人要不是跟你互動時意興闌珊，不然就是根本懶得理你。
3. 講話是否好笑、中午會不會和大家一起聊天吃飯、有沒有出席下班後的娛樂活動，都不是「良好職場人際關係」的關鍵。
4. 不是每個場域的存在目的，都像學校或相親活動一樣好判斷，甚至有些特殊場合表面上的存在目的和真實目的相距甚遠。
5. 大家來上班的最大目的就是一起把事情做完、領了薪水準時回家。「合作」就是職場存在的目的之一，也是你能否擁有好人緣的關鍵。

「避開小圈圈的陷阱

”加入「他們」，上班才有保障？“

學生時期，總會遇到幾位特別聊得來的同學。那時我們形影不離，總是攜手面對成長帶來的苦澀與歡笑。死黨也好、閨密也好，共築美好的回憶。以我自己來說，學生時代的好友，至今都為我的人生帶來豐富性和啟發。

離開學校後，進入了挑戰更嚴峻、組成更複雜的職場，很自然地，我們也總會遇上幾位特別聊得來的同事，中午約吃飯、茶水間聊八卦，偶爾一起湊個團購、訂個雞排珍奶，甚至在工作之外也一起唱歌喝酒、一起旅遊。這種所謂「辦公室小圈圈」，無疑地為緊張的職場生活增添一絲溫暖。

不過，如果你是一位對職場充滿企圖心、期待打造自己事業、建立專業品牌的工作者，個人的經驗告訴我，你該與這類辦公室小圈圈保持距離，因為它帶來的害處，要遠大於好處。

老實說，我二十多歲初入職場時並不明白這個道理，但由於自己個性與目標的關係，我剛好「不屬於」任何一個辦公室小圈圈。由於我換過的工作不少，顧問工作也讓我時常深入不同企業內部，我親眼看到了許多辦公室小圈圈衍生出的問題，也慶幸自己一直與同事保持君子之交！

我並非孤僻才不加入小圈圈，正好是因為我總想在每段職涯中盡可能認識更多不一樣的人，才沒把時間集中在與固定的同事交流。其實我大學時期也一樣，我不會只跟同班同學在一起，反而同時也跟大兩三屆的學長姊都熟，包括他們的同學、社團的夥伴，還有當時念醫學院女友的同學，甚至維護實驗室的廠商，都成為好友。

那時候沒有臉書，可是我從宿舍走到校園的這段路上，常常忙著跟許多人打招呼。在這樣的狀況下，我根本沒有「固定班底」這回事：因為認識太多人，反倒不屬於任何小圈圈。

我承認，沒有小圈圈確實會遇到一些「問題」。午餐時間小圈圈一起吃飯是很自然的事情，但如果沒人約我，我就會一個人吃飯（但不知為何，很多人似乎不能接受？）。有次開完會，順道跟某群同事一起走進餐廳坐在一桌，吃到一半有人問我：「今天怎麼這麼難得，你會跟『我們』一起吃飯？」我才赫然發現他們原來是一個固定的小圈圈，而我無意之間成了「不速之客」。

吃飯之外的另一種狀況，就是分組！學校的實驗課要分組，公司的員工活動也要分組，老師或主管一聲令下，小圈圈自然超快就形成一組，像我們這種人際獨立的，速度就會慢一點。有時候某組缺人會拉我們進去，要不就是跟零散的人（其他單位、新人、被排擠者、老闆心腹、外籍員工，或獨行俠）大家湊成一組。

講到這裡，如果你對以上兩種狀況感到非常痛苦，異常尷尬，很怕自己空虛寂寞覺得冷⋯⋯好吧！你可能是很需要小圈圈的人，這篇文章你可以跳過。但對我自己來說，上面兩種情境都不是大問題：一個人吃飯，我可以自由地選擇想嘗試的餐廳，用自己慣常的速度品味，也可以思考事情或是邊吃邊滑手機，讓午休成為真正的放鬆。至於分組就更沒問題了，透過分組我可以認識更多不一樣的人，幫我擴大在公司裡的人際網絡，這正是我想要的！

辦公室小圈圈在我看來，除了吃飯有人陪、分組好揪人之外，就職涯長遠發展而言，都是負面影響。不信我條列出來給你看看，哪裡說的不對，歡迎補充反駁。

• 排擠效應：與圈外同事交流機會降低

每個人在辦公室的時間有限，扣掉獨自工作的時間，其實沒剩多少機會可以跟其他人交流。把極其珍貴的自由時間，全部奉獻給辦公室小圈圈，等於主動放棄了拓展人際網絡的好機會。

我看過很多人在一家公司待了好幾年，跟小圈圈形影不離。等換到新公司、新產業時才驚覺，遇到問題叫天不應、叫地不靈。當年的小圈圈都是同溫層，他們知道的事情你也知道，沒啥用處。想要找以前公司的同事幫忙，又因為不熟所以難以啟齒，陷入兩難的困境。書到用時方恨少，人際網絡也是同樣的道理。

• 屏蔽效應：特定資訊可能直接跳過你

很多人以為，加入小圈圈就可以聽到許多小道消息。我也認同在職場耳聽八方對局勢判斷很重要，但只跟特定小圈圈交流，反倒會限制你的資訊來源。就像每天只看特定電視台但其他管道一概不接觸的人，絕對會喪失客觀。尤其是當這條小道消息，剛好跟該圈子有密切關係的時候（例如老闆打算砍掉某個單位），就會發生全公司的人都知道了，剛好只有這個親密小圈圈不知道的狀況；敏感訊息會自動跳過這群當事人，產生屏蔽效應。

我在職場裡跟多數人都不錯，廣結善緣卻不拘泥於特定小圈圈，反倒很多人會主動跟我分享職場消息，我甚至還因此聽了不少小圈圈內部的矛盾鬥爭（同圈圈的A講B如何如何），讓我對局勢判斷更加精準。

• 同儕效應：喪失獨立判斷的能力

職場裡獨立判斷很重要，但跟小圈圈過度親密，判斷力一定降低，而且可怕的是，這過程是不自覺的。

例如公司裡來了一位新主管，和善又有能力，你原本對他印象不錯，願意配合他，但你的小圈圈夥伴針對他講了很多似是而非的流言與負評，你雖然心裡懷疑，但也不可能逐一查證，不消幾天你一定對這新主管充滿疑慮（你應該聽過「曾參殺人」的故事）。有天當你跟這位主管產生了工作摩擦，原本只是合作常見的磨合，這時你卻可能會判定：「果然，這傢伙不是什麼好東西！」然後，這段原本不錯的合作關係就沒有「然後」了。

‧網路效應：個人私事容易被傳播

一件事情想要保密，最好的辦法就是永遠不要告訴任何人！但有些人偏偏藏不住祕密，而且迫切地想跟小圈圈傾訴。當我們天真地以為小圈圈會為我們保守祕密，多數時候它反而是個高效能的擴音器！

我在國外曾遇過一個案例：客戶有個管理職位的空缺，高層打算從基層拔擢。A、B兩位員工都非常優秀並積極爭取，所以高層一直猶豫不決，甚至還問我們顧問的意見。我們提了一些客觀評估，這兩人還是難分軒輊。但有天突然看到人令，A雀屏中選，B落寞沉寂。因為我跟高層很熟，私下就問了他的決定。原來高層聽到B員工日前做完體檢，跟小圈圈提到自己的健康疑慮，小圈圈出於關愛，到處詢問保健與治療方法，最終傳到了高層，高層基於健康考量只好拍板定案！

落選的B員工到今天可能都還搞不清楚是什麼讓他輸了這局。更冤枉的是，B後來也很健康，而從頭到尾根本沒人知道A的健康狀況。這就是個人隱私透過小圈圈散布後造成的傷害！

・背叛效應：若你變成主管將難以帶人

小圈圈之所以團結凝聚，很多時候是因為有共同的敵人（老闆、主管）與共同的處境（績效壓力）。但是當這個局勢產生變動時，群體的凝聚力也跟著質變。

想像一下，你在辦公室有個親密小圈圈，你們常常一起罵老闆、批判公司的政策。有天你升官了，老闆要你帶領這個部門，負責整個部門的績效，現在的你正好扮演了你們過去的敵人，這團隊要怎麼帶？你該如何一百八十度轉換？一想到這個胃都疼了！

換個位子原本就該換個腦袋。若你平常保持「專業的合作關係」，雖然當上主管，還是可以重新調整成新的合作方式，大家一起滿足高層的期待。但若你以往是以「小圈圈的情感支持」做為基礎，這時候突然要用績效來要求員工，多半會造成下面的人不悅，還有讓你自己為難。我常看到的狀況是：新主管一方面很難帶好員工，一方面還失去原本的友誼，兩頭落空。

然而，不加入小圈圈，不代表你要當個獨來獨往的人，正好相反，你可以有更多彈性去職場拓展人脈。

你可以嘗試給自己一個人際目標，例如：如果是一、兩百人以下的小公司，設定在半年內，跟每位同事至少都講過五分鐘的話。如果是在上千人的大公司，我會設定在一年內，在全公司所有部門至少認識男女各一人。當你設定了這樣的目標，自然會多利用休息、會議、跨部門合作的機會去「廣結善緣」。

如果有小圈圈想拉攏你怎麼辦？其實也很好，例如有某圈子找你午餐，你可以欣然接受；但若同個圈子連續找你，你可以想個理由婉拒，甚至去參加別的小圈圈的聚會，做為平衡！讓大家知道你跟每個人、每個群體都友好，但不隸屬於任何一個圈子，維持一種「友善而獨立，親切卻神祕」的職場形象。我的經驗告訴我，這會對我們長遠的職涯發展帶來極大的助益！

大人的 Small Talk

1. 建議與辦公室小圈圈保持距離，因為它的弊大於利。不加入小圈圈，你反而可以有更多彈性去職場廣結善緣。
2. 排擠效應：與圈外同事交流機會降低，等於主動放棄拓展人際網絡的機會。
3. 屏蔽效應：只跟特定小圈圈交流，反倒會限制你的資訊來源。
4. 同儕效應：喪失獨立判斷的能力，而且過程通常是不自覺的。
5. 網路效應：個人私事容易被散布。
6. 背叛效應：小圈圈往往是因為有共同的敵人與處境才凝聚，一旦你變成主管，將難以帶人。
7. 若有小圈圈想拉攏你，記得讓大家知道你跟每個人、每個群體都友好，但不隸屬於任何一個圈子。

配備八卦的核心技能

> 同事愛聊八卦，不喜歡又能如何？

聽眾Zoey（以下簡稱Z）來信詢問，說他的同事特別喜歡抱怨工作的事情，也很八卦，喜歡聊彼此的隱私，他自己則是不太參與。沒想到，某天竟然有位新同事跑來，直球對決問他是不是「不喜歡聊私事」。

Z回答：「剛好工作比較忙。」

但內心裡，他只覺得對方非常無聊。

有一天，Z請假，部門同事開始七嘴八舌在他背後搬弄是非，有人說他回話很冷淡，又有人說他生氣起來很可怕，千萬不能惹他生氣……。其他部門同事聽到之後，私下轉述給Z。

Z解釋，關於講話冷漠，是因為他不喜歡跟同事一起聊八卦、抱怨工作；至於生氣的傳聞，他在職場上從來沒有對同事發脾氣，卻被造謠。

Z想問的是，當一個團隊充斥八卦風氣，喜歡聊同事的是非，如果他只想專注於工作，不願意攪和其中，這樣的風氣會不會影響他的人際關係？他該做出怎麼樣的改變？

針對Z的問題，我想提出三個思考角度，是關於我自己在職場上針對八卦議題的經驗。

第一，只要有人的地方，就有八卦。無論海內外，只要同事聚攏在一起，就會想聊八卦，這樣的行為也許不健康，卻是非常正常的事情。

用邏輯推導一下，大部分的同事私下聚在一起，能聊什麼？難道是剖析專案進度、優化產品設計、探討行銷方案？機率是很低的。

講起來很心酸，很多人出來上班，不是真的想做出一番大事業，而是找一份餬口的工作；由於對工作內容不一定有熱忱，也不見得感興趣，好不容易等到午休了，甚至是老闆看不到的空檔，那當然想聊聊天放鬆一下。而既然大家沒事不會想再聊工作，那麼最正常的發展就是抱怨和聊八卦。

常見的八卦如「公司裡某工程師很喜歡搭訕櫃檯小妹」、「某人的穿著、包包和飾品如何如何」、「誰誰誰有沒有男朋友」，抑或是「有人離婚了，雖然看不出來，其實他常常偷哭⋯⋯」等等。

也因此不管我們是否喜歡、認同，還是覺得八卦很無聊，職場上，同事的八卦閒談是必然會發生的事。

第二，我甚至想說，其實對於上班族而言，八卦能力非常重要。讀到這兒，你可能會嚇一跳，覺得這本書怎麼有點「歪」，竟然還倡議八卦？

因為既然你的同事很喜歡，縱使你不講八卦、沒興趣抱怨人生和老闆，你還是要能多聽到八卦、多參與小群體的聊天；尤其是愈基層的上班族，愈要具備掌握八卦的能力和消息來源。

也許你會問：「上班又不是要當狗仔隊，為什麼非要聽八卦？掌握八卦到底對工作有什麼幫助？」

但職場上，做事跟做人一樣重要，而掌握八卦的能力，會直接幫助你「做事」和「做人」這兩大面向。

先從「做人」談起：職場上，你可以不當八卦的人，更毋須抱怨工作和老闆，但聽到別人講八卦時，不宜對同事冷漠、敵意。因為你一旦流露出不屑或是敵意，那同事當然覺得受到冒犯，對你將來的團隊合作可能會構成阻力。

而從「做人」擴充到「做事」，當你多聽八卦、多掌握其他同事之間的人際狀況與動力，也可以幫助你避免很多職場上的麻煩事。

舉個例子，假設你是女生，從八卦得知別的部門有位B女暗戀你部門中的A男，而你對A男其實沒有意思。那麼接下來和A男講話時、尤其B女也在的場合，可能就要特別注意自己講話的內容、看他的眼神，甚至是與他的肢體互動，避免B女產生任何誤會。

要是你還大喇喇地把A男當成哥兒們，沒事去拍他的肩膀、找他喝酒，搞不好不自覺地變成了B女的眼中釘，豈不是在無意之間幫自己樹立了一個敵人？

也因此，八卦本質上很無聊，但如果你知曉這一切，雖然不會為職場加分，可是能大幅度避開很多無謂的人際困擾。

再者，當你有機會與老闆身邊的紅人（例如祕書）透過八卦建立感情，就有機會透過旁敲側擊，事先知道人事命令、新部門、新職缺，甚至是新專案和新客戶的機會，哪怕只比別人早一天知道，你就有更多運籌帷幄的空間和時間。

小時候，大人總告誡「小孩子要有耳無嘴」，當我成為上班族之後，凡是八卦場子，我一定會參與。我不一定有很多「談資」可以與大家分享，但光是多聽，就可以知道人際關係的互動，進而嗅到老闆的決策風向，當你掌握三百六十度的人際網絡，做人、做事自然加分。

第三，人在江湖飄，哪能不挨刀？只要你在職場的環境中待得夠久，最終一定會成為他人口中的八卦主角。

你應該「預設」這種事情一定會發生，所以首先，你自己不要把私事一股腦兒地到處講。既然別人一定會傳出去，如果不想讓人知道的隱私，自己就把嘴閉緊。

事實上，只要在團體中夠突出，就必定會「晉升」為其他人八卦的主角；就像「追星」一樣，當你能力夠強，別人就會想一窺你的私生活，好奇你工作上看起來是菁英，私底下的面貌又是如何、怎麼生活、有沒有男朋友、女朋友等。

因為大家聚在一起時，聊的自然是共同關注的目標，也就是辦公室裡最顯眼的人。

當你能力強，自然會被議論，而能力弱，又更會被吐槽：從能力到外貌，無論好壞美醜，只要夠突出，一言一行都會惹人討論。

所以，一個人就算上班時沒有刻意搬弄是非，但只要他混得好，總會被別人拿來講，這是無可奈何的。

我甚至建議大家轉念：正所謂不招人嫉是庸才。「乏人問津」才是你在團體生活中最大的恥辱。

當Z成為別人口中的八卦主角，表示他肯定做對了什麼、也表示他很可能是獲得資源和青睞的一方。「被人議論」是優秀者的原罪，所以我建議Z可以放開心胸，別往心裡去。

畢竟這類八卦通常是「私下講」，不會當著本人的面高談闊論，其實我們多半也是眼不見為淨。唯一要注意的是，如果遇到有人直接對你挑釁、直呼「你這樣的人就是爛」，那才是警訊。

再來，我也要提醒Z，那些跑來跟你打小報告，說「別人怎麼講你壞話」的人也需要多加留意。

往樂觀的層面想，有些人也許是Z的好朋友，見不得Z被欺負，所以趕快提醒；但厚黑一點思考，也有些人可能不安好心，就是想看Z跟別人槓上，趁鷸蚌相爭，坐收漁翁之利。

最後，蒐集八卦很重要，可是要有來有往，當你總是默默聽著、不願意參與其中，久而久之，大家會防備你。因此建議適度參與同事之間的閒聊，並謹慎提供素材。

抱怨老闆或是罵公司，我得說，如果是小事情，多數老闆通常不以為意，而且公司難免都會有一些缺點，所以大家聚在一起取暖講八卦，抱怨請假制度、難搞的客戶、工作負擔、聊聊難相處的同事等，這很正常，但如果是比較重大的事情與決策，就要斟酌是不是要拿來當八卦素材了。

Z「不喜歡議論八卦」這樣的個人特質很好，請持續保有正面的能量，這樣自己確實會不斷進步，讓自己超越其他一直抱怨的人。

但追根究柢，你可以不講八卦，但千萬不要排斥，因為「八卦」本就是團體生活中自然而然的產物，而且會是你重要的情報來源。

大人的 Small Talk

1. 同事私下聚攏在一起，通常會想抱怨和聊八卦，這樣的行為也許不健康，卻是非常正常的事情。
2. 愈基層的上班族，愈要具備掌握八卦的能力和消息來源，能直接幫助我們提升在職場上做事跟做人的能力。
3. 多聽八卦、多掌握其他同事之間的人際狀況，可以避免很多職場上的麻煩事，甚至有機會事先知道重要的決策與機會，提早布局。
4. 只要在職場的環境中待得夠久，最終一定會成為他人口中的八卦主角，所以不要到處講自己的私事。
5. 如果遇到那種當面對你挑釁的抱怨與八卦，那才是警訊。
6. 對於打小報告的人需要多加留意，有些人也許是好友，好意提醒；但也有些人不安好心，就是想坐收漁翁之利。
7. 蒐集八卦要有來有往，適度閒聊，並謹慎提供素材；若總是默默地聽，久而久之，大家也會防備你。

「定下聰明的互惠原則」

”別人求助，到底該不該幫忙？“

從小到大的教育告訴我們「助人為快樂之本」，但逐漸長大後，我發現這種觀念反而會與大人的世界有一些衝突。

第一次讓我印象深刻的衝突是在學生時代，考試前同學遇到不會的題目來找我求助，我花了時間和心思教會他，沒想到考試成績下來，他考得比我還高分。本來幫助別人應該是很有成就感、很開心的事，但是此刻卻讓我的心情無比複雜。這樣的衝突，進入職場後只會更多。

比方說同事有事請我們協助，我們幫了他之後，他的工作表現因此蒸蒸日上，反而我們因為額外花了時間幫他，導致自己的工作表現沒有特別突出，甚至還有可能延誤了原本的工作時程，遭到老闆責難。

當我們眼看著同事加薪拿獎金，自己卻什麼都沒有，而他可能連聲謝謝都沒說，這種時候的心情真是五味雜陳，不禁懷疑「幫助人」真的會讓自己快樂嗎？有些人甚至會在內心決定：「我以後都不要再幫助人了！」

然而，一些書籍或是前輩仍不斷告訴我們「幫助別人，原本就是不求回報」，或者是「你現在做的每一個貢獻，都會在將來有所回報，所以即使現在沒有回報，你也要抱持著高尚的情操持續幫助人。」

那麼，我們到底是該秉持著善良，犧牲自己、不求回報地幫助別人，還是該自私自利一點，先把自己顧好再說呢？

這是我心中困惑許久的疑問，直到讀了《給予》（*Give and Take*）這本書，才終於豁然開朗，也讓我在幫與不幫之間取得平衡。我在此分享這本書的幾個重點和我的啟發，我也非常鼓勵大家翻閱這本書。

《給予》的作者是華頓商學院的教授亞當・格蘭特（Adam Grant），他做了各式各樣的研究，透過心理測驗把人分成三種傾向：

1. 給予者：他們貫徹「助人為快樂之本」、「施比受更有福」，非常享受幫助人的成就感，強調利他主義又不求回報。
2. 索取者：他們和「給予者」相反，做什麼事情都想要占人便宜，跟人交流互動，也只是想從對方身上得到好處。
3. 互利者：他們非常強調公平，以等價交換的觀念，來看待人與人之間的交流，有點像是做生意的概念，秉持著「我不占你便宜，但你也別想占我便宜；我可以幫助你，但你得告訴我會得到什麼好處。」

格蘭特認為，不論是在學校還是在職場，都是由這三種傾向的人組成。你不妨猜猜看，哪一種人在學業或職場中表現最好？誰的表現最差？誰又會落在中間呢？

結論是，通常表現最差的是「給予者」，落在中間的是「互利者」，而「索取者」也非名列前茅，通常落在中間偏後段的位置。

你一定很好奇，表現最好的是誰呢？答案也是「給予者」。也就是說，「索取者」跟「互利者」的表現介於中間，而贏家與吊車尾的卻都是「給予者」。為什麼同樣都是「給予者」，有人是第一名，有人卻是最後一名？

其實，「給予者」還可以粗略分成兩種，「苦主型給予者」與「贏家型給予者」。

雖然兩者都願意幫助別人，也都不求回報，但「苦主型給予者」是有人來找他幫忙，就二話不說捲起袖子，來者不拒地協助，甚至耽誤了自己該做的事情，最終只成就了別人，自己卻因為投入時間不夠，只能原地踏步甚至退步。結果就是，大部分「苦主型給予者」不論課業或職場表現都只能敬陪末座。

「贏家型給予者」不同的地方在於，他們更重視自己的時間，並不會因為幫別人而忘了自己的目標與職責，因此他們會建立一套幫助別人的機制，在了解對方的問題後，安排自己有空的時間給予協助。

舉例來說，同樣是大學教授，「苦主型」教授就是學生有問題來找他，隨時都給予協助，導致他做研究的時間被切得很碎，甚至沒有時間做研究。

而「贏家型」的教授則是告訴學生：「每個禮拜五下午兩點到四點，你們可以來找我，我很樂意提供協助。」

透過明確的劃分與告知，告訴學生如果想得到他的協助，必須按照他的遊戲規則來才行。在思考與做事節奏不太會被學生提問切碎的情況下，贏家型的教授會有更充裕的時間將精力放在研究中，在學術上的表現也就有機會更好。所以，同樣是樂於助人，我們當然要成為「贏家型的給予者」。

那該怎麼成為贏家型的給予者呢？我根據自己過去在職場上觀察優秀給予者的特質後，有兩點建議：

首先，**可以用「塊狀」的思維安排你的行事曆**。

你可以把時間分成區塊，區分出工作的時間、陪家人的時間、個人的閱讀時間等等，在分割完主要的區塊後，剩下的時間再用來幫助周圍的人。

以我來說，早上七點到十點是個人時間，我盡量不排會議，如果有需要找我討論或是協助，我會盡量排在十一點到十二點，或是下午五點之後。中午十二點到下午五點則是我的工作時間，這段時間盡量不讓會議打斷我的工作節奏。

簡單來說，你要拿回時間的主動權，讓你的協助時間盡量不要打斷自己的大塊時間。

其次，**建立你自己的協助規則，能配合的才優先給予幫助**。

我在紐約工作時有個重要專案，是引導上百位專案經理轉換到新的系統，並且用新的格式來回報進度。當時我發了一封信給所有專案經理，告訴他們只要願意用新格式製作報告草稿，並準時交給我，我就會優先安排時間，親自協助他們完善報告，滿足上級的要求。

一開始願意按新格式上繳的人並不多，但我遵守規則，特別針對配合的人安排時間，鉅細靡遺地讓他們知道如何快速產出新格式的報告。當這些人回去跟大家宣傳之後，愈來愈多人願意配合，最終我也順利完成任務。

所以你一定要建立一套遊戲規則，讓大家唯有遵照你的規則才能獲得幫助，如此一來，同事們不會打亂你的時間，或是將你的協助視為理所當然。

總結來說，我不否認助人為快樂之本，很多優秀的給予者往往也都是職場的佼佼者，但是我們應該學著當一個聰明的給予者：把自己的工作優先顧好，才能持續提供高品質的協助。

1.「助人為快樂之本」這樣的觀念，未必總是對的，要視具體情況而定。

2. 苦主型給予者：有人來找他幫忙，就二話不說、來者不拒地協助，以至於常常耽誤了自己該做的事情。

3. 贏家型給予者：不會因為幫人而忘了自己的目標與職責，會建立一套助人機制，在了解對方的問題後，安排空閒時間給予協助。

4. 用「塊狀」的思維安排行事曆，區分出工作、陪家人、個人活動等時間，分割完主要區塊後，剩下的時間再用來幫助人。

5. 建立自己的協助規則，能配合的才優先給予幫助。

6. 當大家在遵守遊戲規則下爭取到你的幫助時，就不容易將你的幫助視為理所當然。

建立團隊優先的思維

”向人求救，是不是代表不適任？“

講到團隊合作，大家都知道要把自己的工作做好、適時幫助同事，然而多數上班族鮮少想到的是：在職場上，懂得適時求救、找別人幫忙，有些時候才是真正符合團隊精神的行為。

為什麼這樣說呢？讓我舉個例子：有一回公司要準備簡報給重要客戶，客戶給的時間很充裕，大概超過一個月，恰好，一位年輕的同事負責處理這項任務。

我和資深同事都有些擔心這位年輕同事無法駕馭，因此，大家三不五時會關心他：「簡報OK嗎？做得如何？有沒有什麼問題？需要幫忙時，記得要說喔！」

「可以！沒問題。我有需要的話，會跟各位學長學姐講，或是向老闆求救。」這位年輕同事每次都這麼回答。幾個星期過去，我發現他常常加班，忍不住又問了一次：「還OK嗎？有沒有問題？」他依舊信心十足，直到彩排那天才發現出包了，他根本沒做出來。

這位同事不是不努力，但他在壓力之下，加上日常的工作事務，讓他的簡報一直卡住；如果是我負責帶他做，我會設定里程碑，讓他好好演練，偏偏帶他的主管沒有注意到，最後發現產出不符合內部的期待時，距離截止期限只剩下三天，一時之間，公司兵荒馬亂，只好全部人一起跳下去幫忙完成這份簡報。

之後，我不太高興地問這位年輕同事：「你明明卡關，為什麼不早點講呢？」他支支吾吾說不出話來。年輕同事有錯嗎？當老闆或是主管交付任務給他時，他全力以赴，是一件好事；但遇到問題時，他不求救，反而把自己的工作表現看得比「整個團隊的最後成果」還要重要，造成了不好的結果，這就是問題的所在。

為了避免這類事情再度發生，我歸納了某些員工「第一時間不求救、決定硬幹到底」的可能原因，大概有五種情況：

第一，是台灣的職場文化。台灣與日本很像，從小受教育時，「不要麻煩別人」成為必要的美德。但試想在工作上，如果都不麻煩別人，是不是也忽略了團隊的力量呢？（況且最後出包，還是得麻煩大家善後啊！）

第二，是不想要虧欠人情。上班時大家各司其職，若是自己的任務受挫，依靠別人施以援手才能完成，內心難免會有疙瘩，覺得自己欠下了人情，以後還要找機會償還，既尷尬，又麻煩。

第三，是自尊心太強了。當自己發現無法完成任務時，第一時間就是想遮掩。因為如果讓其他同事、甚至老闆知道的話，豈不是等於承認自己能力不足？這個太丟臉了，所以不想面對，更不願意輕易釋放求救訊號。

第四，是不想被別人說閒話。在茶水間常聽到同事聊到「某某人能力不足，都要靠別人擦屁股」這類批評，若這次換成是自己要求救，豈不也淪為別人口中嫌棄的對象？

第五，是默默等待別人主動關心。工作上總是會遇到難題，有些人（尤其是菜鳥）會覺得，老闆、主管、或前輩的責任，就是應該手把手地帶領我們、指導我們才對，所以還是默默等到他們主動來關心的時候，再向他們求救好了！

不論是上述哪一種心態，其實都違背了團隊合作的精神。就讓我用運動比賽來說明這個觀念。

我年輕的時候非常喜歡打籃球，國、高中時，幾乎天天上場，但是最討厭跟一種人打球，我們稱為「自幹王」。這種人拿到球之後，死都不肯傳球，即便被對手包夾，他還是要硬上，當然進球的機率微乎其微。

籃球是團隊運動，職場也是。進球得分就如同工作任務，成功不必在我。有機會就由我來得分，但如果遇到困難，就請隊友單擋，或是傳球給隊友得分。如果滿腦子只想到自己的表現，把團隊得分放一邊，當然是違背團隊精神的表現！

其實，我們只要稍微思考一下就會發現，適時地向隊友求救，除了符合團隊精神外，還有額外的好處：

・加深革命情感

當你請同事、主管幫忙，大夥兒集結眾人之力，一起努力、一起加班，最終搞定問題，不僅獲得客戶的認同，更是讓團隊培養了緊密的連結，也就是所謂的革命情感；同時，讓同事、主管伸出手一起解決問題，也是給他人建立成就感的機會啊！

‧減少下次求救的障礙

當你發出向同事求援的訊號，下次再有狀況，別人更有機會幫你。怎麼說呢？心理學的「承諾一致性原理」（commitment and consistency）告訴我們：人的大腦要思考、決定每個行動會消耗大量能量，因此傾向透過記憶去加速決策，如果之前曾經承諾助人，接下來通常會持續下去。

「承諾一致性原理」背後的運作機制，有點像是向銀行貸款。你過去沒有向A銀行借過錢、欠缺金流（譬如薪轉戶）的往來，就算你的財務狀況很棒，A銀行對你過去的財務狀況仍是「不熟悉的」，你自以為無債一身輕，A銀行反而是打個問號；相對地，如果你經常與B銀行交流，B銀行不只是你的薪轉戶，你還曾經在B銀行借過房貸、車貸，而且準時償還，B銀行便更有機會在資金上幫助你。

當你今天向同事求援一次，同事答應出手，接下來第二次、第三次，這些人基於之前的經驗，更可能再度幫助你，因為這符合承諾一致性原理。

• 增進成員的情感涉入度

第三個好處，是增進團隊成員之間的「情感涉入度」。當人家幫忙你，下一次，你也會投桃報李，這就有如兩人之間有一個「隱形的小豬撲滿」：他投十塊錢，你也投十塊錢。

如果你與同事之間，彼此井水不犯河水，這往往不是好的職場人際關係；真正好的人際關係反倒是「相欠」，彼此有借有還。珍惜這個小豬撲滿，日積月累下來自然關係緊密。

• 學到新的技能與方法

當同事願意伸出援手，幫我們解決問題時，在一旁認真觀察絕對是個學習的絕佳機會。看看這些同事有什麼厲害的技能、高效的工作方式，或是採用什麼樣的先進工具，都可以讓我們收穫滿滿。這是一個進步的好機會，錯過可惜！

• 提高團隊的勝率

工作本來就是團隊活動，愈能發揮團隊的綜效，勝率就愈高。就像籃球比賽需要五人一起上場，足球賽需要十一人，再厲害的球星都不可能靠一己之力單打獨鬥。當球永遠只在你一個人的手上或腳下，團隊怎麼可能贏球？惟有凝聚團隊，截長補短，才能並肩奪下勝利獎盃。

近年來，我發現不少職場的新生代（甚至不乏名校畢業生）為了保護自己的顏面，把團隊成效拿來當賭注，不得不說，這樣是很自私的。

而這樣的心態，很可能來自於學校的「考試導向」教育，因為我們學會在意自己考的分數、名次。但進入團隊和職場，個人的表現固然重要，心態更要升級，在順序上，應把團隊成敗放在最前面。我們總會面臨挑戰、被包夾而難以出手得分，這時候，我們應該助攻團隊，一旦進球，得分的那一剎那，就是大家的成功。

回到年輕同事開天窗的案例，相較於最後因為做不出來而道歉，還不如早點求救：製作簡報卡關時，應該詢問前輩可不可以幫忙、有什麼範本可以參考。這樣的求救並非偷懶，也不是推卸責任，而是在意團隊整體的成果。

然而，我也要提醒一下，雖然適時求助才真正符合團隊精神，但也不能一遇到問題，自己試都不試就找別人幫忙。請人幫忙時務必符合以下須知：

1. **決定停損的時間點**：自己一開始先盡力嘗試，但也要設定好停損的時間點，到了停損點時仍舊無法找到完成工作的方法，就要趕快求助，預留足夠的時間讓別人幫忙挽救。
2. **練習把問題說清楚**：要把卡關之處說清楚，至少讓別人知道該怎麼幫忙，方便別人直接切入，提高處理效率。
3. **設定最終期待成果**：除了告訴對方我們需要他們做什麼，更要把這個任務的最終目標與期待的成果定義清楚。喝醉酒無法開車，我們要找代駕，至少要把目的地講清楚，讓別人知道如何幫忙！
4. **整理自己走過的路**：卡關之前，你試過了哪些方法？這些方法為什麼行不通、遭遇了什麼困難？應該一一整理，避免別人重複走上冤枉路。

5. **準備好展示半成品**：展現自己的努力軌跡還有完成一半的案子，除了避免對方還要從頭開始之外，也等於是告訴對方：我也有努力嘗試過，並不是把我的工作原封不動移交給你。

6. **態度要認真、誠懇**：最好準備紙、筆，別人在講時，你不只要專心聽，更要仔細記錄。

7. **確認自己理解同事的指導**：接受他人幫助或指導後，你把工作順利完成，最好再請對方看一次成果。如果都符合對方建議，關係自然更緊密，幫你的人發現你都有遵照他的建議，一定也會有滿滿的成就感；假如有地方不符建議，也順勢跟對方討論一下如何修正。

8. **人情債一定要償還**：當別人幫你一把，最後你也順利完成案子，請一定要準備一本手札，將具體幫忙的時間、內容記錄下來。償還人情債未必是苦差事，有借有還往往是凝聚情感的重要過程。

大人的 Small Talk

1. 職場是團隊運動，當你在工作上卡關，懂得適時求救，不只符合團隊精神，還能帶來其他好處。

2. 好處一：加深革命情感。大夥兒一起努力搞定問題，能培養緊密的連結。

3. 好處二：減少下次求救的障礙：根據「承諾一致性原理」，當你求救而別人伸出援手之後，下次再有狀況，別人更有機會幫你。

4. 好處三：增進成員的情感涉入度：真正好的人際關係是「相欠」，彼此有借有還，日積月累下來自然關係緊密。

5. 好處四：學到新的技能與方法：求救時，可以從別人身上學到工作技能與做事方法。

6. 好處五：提高團隊的勝率：讓整個團隊一起參與，截長補短，勝率更高。

7. 八個職場求救須知：

①決定停損的時間點：若自己一再卡關，到了停損點時就趕快求救，預留足夠的時間讓別人幫忙。

②練習把問題說清楚：讓別人知道怎麼幫忙，提高處理效率。

③設定最終期待成果：梳理任務想要達成的效果和目的。

④整理自己走過的路：整理卡關之前已經試過的方法及困難，避免幫助你的人再走冤枉路。

⑤準備好展示半成品：展現自己的努力軌跡，避免對方從頭開始。

⑥態度要認真、誠懇：別人說明時，不僅要專心聽，更要仔細記錄。

⑦確認自己理解同事的指導：領受他人幫助後，再請對方看一次；假如有地方不符建議，則再做修訂。

⑧人情債一定要償還：當別人幫你，請記下具體幫忙的時間、內容，方便日後償還人情債，讓彼此感情更好。

跳脫能者過勞的悲劇

"遇到豬隊友，能力強的人就活該倒楣？"

Andy（以下簡稱A君）踏入職場三年，雖然還不是管理職，卻已經有些歷練。然而，他碰到以下兩個事件：第一，公司陸陸續續有一些新人調入他的組別，其中有一位新人工作還算認真，請他做什麼事情，基本上都不會拒絕，但這位新人是個「差不多先生」，他製作的會議紀錄常常讓人有看沒有懂，A君必須逐一點出問題，最後甚至演變成一人做兩人份的工作。

第二，由於A君身處後勤IT單位，當使用者提出問題時，同組的同事常常敷衍了事，不想幫忙解決。例如使用者詢問系統問題是否會造成影響，A君的同事回答「有影響」之後便沒有下文，最後繞了一大圈，問題變成由A君來解決。

A君並不在意誰負責解決問題，只是覺得：別人一旦擺爛，有能力或認真的人難道只能被動地概括承受，沒有任何選擇了嗎？

關於A君的問題，我相信搞不好是很多人在職場上都深感困擾的：為什麼周圍的同事全都是爛咖？上班不認真、不帶腦，或者動不動推卸責任，嚷嚷「這不是我的事」、「這個我不知道」、「這個你去問老闆、去問隔壁同事」？於是，你只能生悶氣，懷疑難道能力強的人就活該倒霉？

我想說的是，你的世界觀，會決定你的感受。假如世界觀不正確，就非常容易自覺吃虧、被環境欺負、被老闆和同事欺負、被客戶欺負；或者，因為你覺得被欺負了，就把力氣花在不對的方向上，可能想對抗、報復、把不愉快轉嫁出去。

但上班要開心，其實你需要正確的世界觀。

像A君碰到需要幫忙擦屁股的同事、推卸責任的同事等，如果是我，老實說，我會覺得完全無所謂。我倒不是EQ高或是大器，也不是要講「能者多勞」的話來勉勵A君，更沒有要端出心靈雞湯。

試想，假設A君今天不是上班，而是在電腦商場銷售電腦、賣零組件。樓上、樓下店家銷售的商品都非常類似，幾乎都在賣筆電、螢幕、記憶體、顯示卡等。假設每當客人上門，隔壁店家都愛理不理或是隨便介紹，甚至要客人去找隔壁店家。慢慢地，客人必然會發現只有A君這間店比較認真在經營，問規格、報價、技術細節，統統不會敷衍，而會給予最合適的建議。口耳相傳之後，客人慢慢都會選擇A君開的店。

讀到這兒，你會覺得在這樣的情境中，很不公平嗎？

不會，你只會覺得：「在A君隔壁開店的人真是蠢，平白把機會拱手讓給A君。」

再舉一個類似的例子，若你開餐廳，但附近的競爭對手對於餐點的標準非常低，隨便做一做，結果客人覺得很難吃、滿肚子火，甚至回家拉肚子，你會生氣嗎？

你只會覺得很開心吧？因為競爭的餐廳不用心，再怎麼經營老半天，也肯定只會浮浮沉沉。

但下一個你可能想到的問題是：「開店當然是這樣，競爭對手很笨，我就能多賺錢。但我和隔壁同事都拿一樣的薪酬，為什麼我要做更多事情？」

可是你要想，如果有一天，公司有個重要的專案，相較於過去整天喊不知道的人，老闆當然會找能者出線，而能承接這類重要專案，將更有機會在履歷上做出一番成績。這些重要的戰功對很多人而言，是用錢都買不到的。

所以，我們應該懷抱的「世界觀」是：雖然你與同事是團隊，但也是某種競爭關係，我們當然希望大家能一起把事情做好、完成專案、為公司帶來價值和利潤；但不要忘了，**公司裡的機會、職缺才是最稀缺的資源**。

從升遷、被老闆看見、執行重要專案的機會，到主管的職缺，請試著想像，當周圍同事跟你拿一樣的薪水，頭銜、職等都一樣，豬隊友同事一問三不知，所有事情都簡單回答「我不知道」、「你自己想辦法」、「去問老闆」，不就等於剛剛提到的例子，是在惡搞自己嗎？

以A君遇到的狀況來說，只要時間一拉長，口耳相傳之後，公司內部的使用者可能都會指名要找他，他在IT團隊中就比較容易做出成績。

尤其以工程師來說，像A君這樣願意溝通、廣結善緣，是非常關鍵的技能。由於其他工程師沒辦法與內部使用者溝通，大家會在很短的時間內記得A君，更有機會讓A君承接一些比較重要、高價值的專案。

若其他人只能做些維護的工作，但A君能承接公司內的大專案，先不論跳槽挖角，若他留在公司裡找機會，搞不好過了一年、兩年，老闆覺得他很讚、其他人很鳥，久而久之，他就有機會成為小主管。

升遷後，A君可以著手去提升組員的服務意識。再來，如果A君有選擇的機會，畢竟和這一群同事合作過，會知道誰是可造之材、誰是扶不起的阿斗，那A君也就能打造自己的明星團隊，讓自己更能鞏固勢力。

其實在職場上，你每一天做的事情，都有人在幫你打分數，有人打的分數立即顯現，比方說你的老闆；有人打的分數會影響你接下來一年、兩年、甚至十年之後的職涯發展。十年後，如果有人來向你探問：「那個〇〇好像之前與你當同事，他表現如何？」你只要稍稍遲疑，搞不好他的機會就沒有了。

你還沒有權力時，一方面忍耐，一方面也是觀察周圍同事的好機會。等冒出頭之後，就可以定規則，也知道該爭取誰加入你的團隊；同時，你也知道該把哪些不適任的人送進冷凍庫、讓他離開、或是逼他成長。因為你有權力，便能開始做對的事情。

雖然以A君目前的狀況來說，可能沒有權力、覺得同事的工作方式不對，讓他得一人做兩人份的工作，但他可以趁機思考：「豬隊友同事的問題在哪裡？有朝一日成為主管，我要怎麼跟他們溝通？如何引導他們、讓他們做對的事情？」

很多人碰到公司主管不強，可能憤憤不平，想說「吼，這樣我要做很多事情欸」，但正是因為你接替了主管要做的事情，可以很快讓自己到達主管的高度；而且，幫忙主管分擔他的辛勞，上面的大老闆或許將更容易看到你的付出、讓你獲得權力。

有一些年輕朋友或是新鮮人，總希望自己的老闆全知全能，公平安排工作，一旦事與願違，便憤憤不平，覺得「為什麼同事可以擺爛？憑什麼我要做那麼多？」「老闆怎麼都不管？」

但首先，老闆可能不知道發生問題了，而做為部屬的你也沒有反映。老闆不知道，當然就無法做出任何改變。

第二，實務上，工作很難做到完全公平、完全合理。可是好處是，承擔大任能讓你冒出頭，而多數老闆看你有能力承接，自然就會樂得給你權力。

回想起我在A君的那個職涯階段時，沒有太多的抱怨，因為我很早理解：全然的公平合理本來就不存在！既然不存在，就展現自己有能力的一面，來盡量被老闆記住，爭取向上流動；一段時間之後，慢慢會成為別人口中「不公平」的那端，那不就好了嗎？

盡快跳到別人口中「不公平」的那一端，跳過去之後，不表示你要作威作福，而是你可以改善原本不滿的狀況。

如果你能開始抱持這樣的世界觀，會忽然發現：周圍懶散的同事都是幫助你快速竄起的貴人，因為假使他們都很認真、都跟你一樣願意把工作完全做到位、願意回答使用者的每一個細節問題，你就得加倍努力才會被看到。

反之，當你身處的職場環境，周圍的人很懶散、連六十分都做不到，你不是應該覺得很開心嗎？因為，那表示你面對的是一個「不充分競爭」的環境，在這樣的環境中獲得超額回報是更容易的。

我們造訪電腦商場時會發現：幾乎沒有一家店的店員會不熟規格，沒有一家店的態度是愛理不理的，因為那是完全競爭的環境，全部店家都會認真經營事業，我們在這種「充分競爭」的環境裡，反倒很難突出，很難輕易獲得比競爭對手更高的報酬。

但因為大部分上班族並沒有「經營公司」的思維，便常常無意識地惡搞自己的職涯，以為擺爛是賺到，但其實是削弱了自己。

以A君的同事來說，他們明明可以多做一點點，可是他們卻選擇不要，其實就是一種職涯的慢性自殺。

你可能想問：「萬一能者多勞之後，還是一直沒有被老闆賞識，又該怎麼辦？」我的答案是：「那就不要繼續待在這樣的公司。這裡的老闆可能沒有伯樂之才，但世界上總會有讚賞你的地方！」

在電腦商場，市場機制會淘汰差勁的店家；而公司營運時，若懶惰、不長眼的一群人依舊能夠升遷、加薪，那表示公司有問題。也許是吃大鍋飯（譬如手捧鐵飯碗的單位），也可能市場的懲罰還沒來。那麼，這時候就該反問自己：「為什麼還要待在這裡呢？」

老實說，我認為看重「鐵飯碗有穩定保障」的人通常比較欠缺企圖心，他們從捧起鐵飯碗的第一天起，便走向了一條穩定安逸的道路，只希望月月有穩定的薪水。

雖然那是一種選擇，但如果你有能力、有野心，那麼你應該拉長時間思考，想清楚鐵飯碗之於你的人生，是划算的交易嗎？

譬如你明明是銷售奇才，走進自由市場賣車子、賣房子，機會無窮；反之，你待在大鍋飯的環境裡，得到勉強的溫飽，也許起跑點稍稍贏了一些，長期來看你卻是虧本的。

你如果去的地方確實以營利為目的，有能力的人終究是會突出的；那你只要有能力，周圍都是懶散的人，其實在那個環境中，你是賺到的，因為你將很有機會爭取到稀缺的機會與資源，獲得向上流動的管道。

大人的 Small Talk

1. 雖然你與同事是團隊，但也是某種競爭關係，而公司裡的機會、職缺是最稀缺的資源。
2. 若上班族沒有「把自己當成公司經營」的思維，便容易惡搞自己的職涯。
3. 當公司有重要專案時，有能力者更容易出線，也更有機會在履歷上做出一番成績，而這些戰功是用錢都買不到的。
4. 在職場上，你每一天做的事情，都有人在幫你打分數，有人打的分數立即顯現，有人打的分數影響你接下來一年、兩年、甚至十年之後的職涯發展。
5. 還沒有權力時，可以趁機觀察周圍同事、思考如何帶人；等冒出頭之後，就可以開始做對的事情，也知道該爭取誰進入自己的團隊。
6. 有些人希望老闆全知全能、公平安排工作，但公司規模一大，老闆不一定知道發生什麼問題，而且實務上，工作的安排也很難做到完全公平、合理。

7. 全然的公平合理本來就不存在，因此，好好展現能力，盡快讓自己跳去別人口中「不公平」的那端，進而改善原本不滿的狀況。

8. 萬一能者多勞之後，還是沒有被老闆賞識，那就不要繼續待在這樣的公司。

9. 如果你有能力、有野心，待在大鍋飯的環境裡，得到勉強的溫飽，也許起跑點稍稍贏了一些，長期來看卻是虧本的。

理解職場的「公平」

"做事不是重點，做人與曝光才是？"

曾有署名「小蔡」的聽眾提問，「工作表現」在公司的升遷制度裡真的很重要嗎？假如做人跟曝光才是升遷的關鍵，那我們這麼努力工作真的有意義嗎？

小蔡之所以這麼問，原因在於他任職的公司有升遷制度，每年由人資根據同仁的資歷、工作表現等，提供合格人選給主管提名，人評會再從中選出獲得晉升資格的同仁，每個部門限額一位。

某一年度，部門主管告訴他，當年有三位同仁符合晉升資格，但只有小蔡和同事B會獲得提名。沒想到在提名截止當日，人資突然通知主管，表示還有一位留職停薪的同事C也符合晉升資格，之前是因為系統失誤才沒顯示，於是主管也提名了同事C。

據說，同事B和C都跟人評會的成員很熟，而且主管還特別告訴小蔡，同事C人緣很好、很受總經理喜愛，並暗示最後可能是C升上去，要小蔡做好心理準備。最後，仍在留職停薪的同事C真的獲得了晉升資格。

因為這件事，小蔡對升遷制度感到疑惑；他也想知道，人資系統是真的發生失誤，還是有人為操作？

首先，工作表現在晉升制度中是不是重點？這一直是不少人想了解的問題。我先說，當然是，只不過老闆的「是」跟你的「是」常常有落差。所以第一個該思考的問題是：我們在什麼樣的組織裡工作，以及我們的工作表現跟組織目標的連動程度。

怎麼說呢？

每個組織的資金來源都不相同，原則上，有助於組織取得資金的人，就會被組織看重。

比方說，國營組織的資金來自政府預算，能幫助組織爭取預算的人就很重要；如果是新創公司，資金由背後金主提供，那公司裡跟金主關係好的人必定享有地位，至於他們的其他工作能力是不是頂尖，就未必重要。對更多數的組織而言，資金是透過向市場提供各種服務或商品來取得的。在這類公司中，立下戰功、幫忙帶錢進來的人最受重視。

我們可能不時聽到有人抱怨：「我們公司的業務老是出一張嘴，事情也做得不怎麼樣，單據都亂填，常常遲到早退，可是老闆還是很器重他。」

這很可能是因為這個業務總能幫公司簽下別人簽不到的大單，於是他平時文件做得差、不注重細節、出勤不太好、有點工作態度上的小毛病，老闆也就睜一隻眼、閉一隻眼了。

相對地，如果你文件做很好、很重視細節、每天準時上班，但你做的事情對於帶錢進來一點幫助都沒有，那這工作表現也就沒有你想像的重要了。

所以，升遷關鍵絕對還是工作表現。絕對不會有公司覺得員工的工作表現不重要，只是老闆的衡量標準跟員工以為的標準未必一致。

小蔡雖然覺得自己上班準時、每天兢兢業業、份內工作也有做好，應該比留職停薪的人更有資格升遷，但就結果來看，高層顯然未必這麼想。因為同事C會突然冒出來，顯然是高層認為他完成的事情可能對公司更有價值、做事效率更好，或是對外有更強的人脈。總之，他一定有什麼長處，即便留職停薪都能脫穎而出。

換言之，並不是長時間全勤、每天準時打卡上班的人就是老闆眼中最好的員工，我們反而要思考一下公司高層「真正在意的是什麼」。

另外，小蔡還問到做人。在職場上做人絕對跟做事一樣重要。能把工作做好，又能跟大家和睦相處，對主管而言是大大加分。千萬不要覺得，「我做事OK，做人失敗，應該不影響升遷」。除非你的同儕都不擅長做人，不然老闆一定選擇能兼顧兩者的。

也因此，所謂「工作表現」並不單指在專業領域的技能突出，只要能幫助團隊更有效地達成最終成果，都算是工作表現。

站在主管的角度來思考，最完美的升遷對象永遠是那種「最平衡的人」：專業技術不錯，也跟大家相處得很好，當自己的部門需要尋求其他部門支援，他也能靠著平時累積的人緣來促成。

相反地，如果有個員工技術超強，但公司裡很多人討厭他、不信任他，比如說大家不願意跟他合作，或者每次開完會，其他部門的人都來找主管抱怨他的言行舉止，那升他上來造成團隊不和諧，甚至內耗，主管豈不是自找麻煩嗎？

所以我們應該思考的，其實是怎麼把自己培養得更平衡，而不是有稜有角、只在意個人績效，這無論是對於想爭取升遷，或希望在職場上做事順利，都非常重要。

再來，小蔡也想知道：人資到提名截止日才說同事C也符合晉升資格，背後是不是有人為操作？

我的答案是：不知道。

因為我們欠缺足夠的資訊去判斷，只能說「有可能，但又不是必然如此」。不過，比起追問有沒有人為操作，更重要的反而是理解這類升遷系統背後的目的。

年輕的朋友常有一個誤解，以為公司的升遷是由電腦經過一連串分數的加減乘除決定的；雖然評選工讀生或作業員等基層員工時，確實可能會這麼決定，但當工作層級提高了，通常就不是這麼一回事了。

實際上，**公司裡的升遷系統不是要做超然的數字分析，而是「要避免老闆不認同的人浮現」**！

這是什麼意思？

很多公司為了讓員工「感到公平」，會告訴大家「我們有個系統會透過計算決定大家的升遷」，但這未必百分之百是真的，因為中階與高階管理職的挑選，最終還是基於老闆的主觀評估。

換言之，電腦挑出來的人選永遠僅供參考，因為還會有各種主觀判斷，是電腦無法用量化方式篩選的。比方說前面提到，一個人跟大家都處得很好，另一個則天天跟別人起衝突，這就是電腦數據未必能完整呈現的。

所以關於小蔡碰到的狀況，其中到底有沒有人為操作其實並不重要，因為只要是重要的職位，老闆幾乎都會加入自己的「主觀判定」。

固然準時上下班、沒有缺失、考到證照等會是基本條件，但老闆多半還有一些主觀的要求不會放在系統裡進行統計，比方說好相處、人緣好、善於救火等等。也就是說，評分講到的你要做好，但這不表示評分沒講的就可以不當一回事。

事實上，就結果來看，很可能是總經理或其他高層看了原本的提名人選，疑惑「同事C平時在他們心裡的印象分數很高，怎麼沒有在名單上」，於是C就被人資加進去了。

會出現這樣的狀況，可能也表示公司高層對小蔡的表現不夠滿意。因此，小蔡若想在公司裡繼續發展，就需要調整。

至於要做什麼調整？我會建議小蔡先思考看看，自己跟被升遷的同事C究竟有什麼差別？有什麼事情是C做到，但自己沒做到的？

雖然不少人可能無法認同「突然冒出一個人搶了升遷機會」這件事，但我得說，多數公司的評選機制在長期而言，其實仍然符合某種「公平」的概念。**這邊所謂「符合某種公平」並不僅指電腦系統裡那些分數，而是系統分數之外、高層沒有明說的評選標準**。

如果你認真觀察，其實一定有這麼一個原則，只是傷腦筋之處在於，這原則未必會寫在員工手冊中，你得靠自己的敏銳度去看出來。

所以，我們若想在一家公司發展得好，必須盡早搞懂上級真正在意什麼：包含有明確指標跟隱而未宣的標準。這些都理解了，那我們該做什麼，也就呼之欲出了。此外，如果你能讓自己看懂，就會發現職場突然變得超級公平。因為具備這些條件的，很高機率會被升遷，甚至可以在公司橫著走。

而且當我們心裡有這個意識，並認真去觀察，你會發現老闆在意的事情其實並不這麼難找，因為關鍵就是回歸一開始提到的：「公司的錢從哪裡來，我的工作又能如何加值這一部分。」把這點想得通透，而且做出符合老闆期待的行動，我們就容易在公司冒出頭。

但如果一心覺得升遷只是由電腦數據決定，比方說準時打卡加幾分、每天加班加幾分，或者拿到某張證照能加幾分等等，那我得說，這樣子上班，永遠都會疑惑「為何老闆升的是別人而不是我」。

大人的 Small Talk

1. 每個組織的資金來源都不相同，有助於組織取得資金的人，就會被組織看重。

2. 在晉升制度中，關鍵還是工作表現，而所謂的「工作表現」並不單指在專業領域的技能突出，只要能幫助團隊更有效地達成最終成果，都算是工作表現。

3. 對主管來說，最完美的升遷對象永遠是那種「最平衡的人」：能把工作做好，又能跟大家相處得很好。

4. 公司裡的升遷系統不是要做超然的數字分析，而是「要避免老闆不認同的人浮現」。

5. 長期而言，多數公司的評選機制仍然符合某種「公平」的概念：除了電腦系統裡的分數之外，更重要的是高層沒有明說的評選標準。

6. 認真觀察誰升上去了、升上去的人做到了什麼，如果能看懂，做出符合老闆期待的行動，就容易在公司冒出頭。

Part 4

格局：

掌握升級關鍵

讀懂了職場這一局
洞悉了老闆的心思
也看明白了職場人際的本質
但說到底，不論是和團隊一起實踐夢想
或是與人互惠合作
關鍵還是要提升實力

如此，才能讓自己選擇環境
而不是讓環境選擇你

擴充自己的選項

「除了A與B，還能怎麼辦？」

曾有一位大人學的聽眾，提出了一個滿有意思的問題。

這位聽眾任職於一間外商新創公司，而他是台灣唯一的員工，負責本地相關事務，不論是老闆、企業文化、產品優勢、薪資，相較於過去任職的工作，他都非常滿意。

然而，有一好、沒兩好，這家公司唯一的問題是業績不穩，老闆數度在會議中表示，公司隨時都有可能縮編。

這位聽眾說，好不容易遇到一家非常不錯的公司，卻不賺錢，他到底該怎麼辦才好？應該繼續堅守崗位、待到最後一天？還是乾脆提早離開，找新的工作？

遇到職場困境時，我們常常把答案簡化成兩個選項。

這位聽眾提出來的看法還滿典型的，一是繼續待下來，直到最後一天；二是早點走、逃難為先。在這個思考框架裡，彷彿只有「待下來」和「離開」這兩種選擇而已。

我在想，這種二分法的傾向，說不定與人類擁有左腦和右腦，或者是自古以來的基因記憶有關。

人類一路演化下來，之所以能夠快速反應，來自於二元論的分辨：面對惡劣的自然環境，該對抗或逃走？眼前的食物有毒或無毒？遇到一個陌生人，對方是好人或壞人？

但是，今天的社會遠比石器時代更加複雜，A或B之外，是不是有更多的選項？值得我們思考！

這位陷入困局的聽眾是「台灣唯一的員工」，具有技術的專業，公司主要是將科技產品銷往歐洲市場，而他負責本地相關事務時，聚焦採購原料。我與他展開對話，希望引導他思考：除了等公司收起來，或是離開另謀新職，是不是有其他選項？

我問他：「你們公司的產品有競爭力嗎？」

他回答：「產品非常好，只是因為公司還小，所以尚未打進台灣、中國、東南亞市場。」

我又問：「在台灣有沒有銷售的空間？」

他回答：「在台灣，肯定有很多廠商願意買單。」

我請他思索：「既然你說自家產品有機會在台灣打開市場，而且公司的銷售狀況不是很好，那麼，你在台灣除了擔任採購，是不是也可以幫助公司銷售產品呢？」

聽我這樣一說，這位聽眾愣住，因為他從來沒有想過這個可能性，畢竟「銷售」並不是他的工作範圍。

我接著說：「也許你可以試試看。雖然成功幫助公司銷售產品，公司也不一定會被救起來，但試試看沒有壞處，至少在『離職』與『不離職』這兩個選項之間，你還有很多事情可以做。既然你喜歡這家新創公司，為什麼不考慮繼續留在公司，幫公司解決銷售的問題呢？」

當我們把自己的角色限縮成員工，自然會跳不出員工的框架。

我曾聽過一個類似寓言的說法（這不是科學論述，但滿有畫面的），大意是這樣的：螞蟻對世界的認知只有２Ｄ平面，牠只分得清前、後、左、右，而沒有「上下」移動的觀念，所以如果我們把一顆糖放在螞蟻的路徑上，螞蟻會覺得這顆糖是憑空出現的，而不能理解糖是從上面掉下來的！

如果我們也像「２Ｄ世界的螞蟻」，思維就容易受限於固定的職務和任務。譬如這位聽眾目睹業績出問題，但因為他不負責銷售，便覺得無能為力、只能坐困愁城。

生而為人，一輩子最重要的一件事情，不是要十八般武藝樣樣精通，而是要訓練自己「跳脫思維框架」，這樣才會看到多姿多采的３Ｄ世界，遇到困難也不會受困於非黑即白的二元思維。

那麼該如何跳脫思維框架呢？以下我要分享三種練習：

第一，**多讀書，而且不只看一種書，而是要閱讀各式各樣的書**。雖然這種練習很老套，卻歷久彌新。

我周圍有些朋友會設定每年閱讀的書籍量，數以百計，但我並不鼓勵大家以閱讀數量做為目標。

關鍵不是「量」而是「質」：我在讀書的時候會將自己化身為「作者」，我會跟著書本的邏輯前進、推導觀念。讀完一個段落後我會把書闔上，揣摩下一段作者會如何發展；再次開啟書本後，可能發現原來作者想到更厲害的方法、更獨到的觀點。這時候，我會學到更多、吸收更多。

第二，**常常找老闆、主管聊天**。畢竟他們曾經做過你現在的工作，必定有值得參考的經驗。而升任主管後，他的視野多半更廣、看到更多的市場樣貌，甚至他可能待過其他公司，或擁有異業的經驗。與他們對談，是突破思維框架最好、最快的方式。

補充一點，很多上班族常抱怨自己沒有資源、沒有權力，但透過與主管對談，至少可以在腦海中模擬，假設你是主管，握有資源、能夠調配員工完成任務，你會怎麼做？當有天你真正當上主管的時候，就不必從零開始，碰得滿頭包！

第三，**超越角色**。多數台灣的上班族，每天等待老闆的指令被動回應，這樣是不太可能跳脫思維框架的。

我們必須化被動為主動，用腦工作，而非成為老闆的手腳。舉例來說，若你是工程師，在聚會的場合認識了客戶，你可不可以主動幫公司接案子呢？我的答案當然是可以的！

被動的工程師會想，公司並沒有告訴我「可以接案」，所以我不可以這麼做；但積極的工程師的想法卻是「公司沒有說工程師不能接案，所以我當然可以跟客戶談談看」，於是他們會直接與客戶交流、介紹產品，然後把客戶找來公司；遇到報價或合約這類不熟悉的流程，再交給業務接力服務。

你不覺得這樣的工程師，在老闆心中的地位，一定跟其他被動的工程師有所不同？

職場裡升遷特別快的一小撮人，往往「思考邊界更寬」，他們勇於向老闆提議，主動跟客戶交流；但大部分的員工會認為那不符合常規慣例，還是別自找麻煩。或許這樣的心態真能獲得安穩，但相對地，發展性也一定受限，這就是職場現實。

史丹佛大學心理學教授卡蘿．杜維克（Carol S. Dweck）在《心態致勝》（*Mindset*）一書中，提到人有兩種心態：「定型心態」和「成長心態」。偏向「成長心態」的人相信，人的能力、智力可以透過後天的學習慢慢成長，而人生是一張白紙，愈揮灑，圖畫愈豐富；反觀「定型心態」者，則覺得大部分的能力跟智力都是天生註定，後天無法提升。假使遭遇困難，他們第一個念頭是「我不太可能成功的，如果硬著頭皮堅持，等於證明了我不行，我還是先避開挑戰吧……。」

具備成長心態的人，往往在非黑即白的方案之間，更能跳脫框架、提出其他方案，就算選擇失敗，他們也不容易長久陷入挫折感，而會從中學習，追求每天比昨天進步一點點。

我們回到這位聽眾的僵局，他在台灣，除了持續負責本地相關事務，也可以運用上述提到的三種練習，跳出思維框架。

舉例來說，在採購之外，化身業務，幫助公司在台灣銷售產品。第一步，他可以與美國的老闆溝通，確認意向後，研擬出台灣的潛在客戶；第二步，請老闆幫忙調整公司頭銜，方便跟客戶接觸，也順帶爭取成為台灣區銷售主管；第三步，向老闆要求更多資源，譬如去上B2B銷售課程、外包找行銷公司支援，或再聘僱一、兩位有專業銷售能力的業務等。

如果這位聽眾真的順利幫公司開拓了台灣市場，不但能成為公司的大功臣，自己也能繼續待在這家公司服務；萬一最終失敗了，也能藉這個機會累積難得的業務經驗，在履歷上也可以寫下亮麗的頭銜與資歷，為下一份工作累積籌碼，可說是進可攻、退可守的另類選項！而這一切都仰賴「跳脫框架」的思考能力。

所以，當下次遇到職場的挑戰，先別急著做選擇，而是發揮創意，先擴增選項再說吧！

大人的 Small Talk

1. 遇到職場困境時，我們常常不自覺地把答案簡化成兩個選項。但在兩個選項之間，其實還有很多選擇，是我們忽略的。

2. 職場裡最重要的一件事情，未必是十八般武藝樣樣精通，而是培養自己擁有「跳脫框架」的思維能力。

3. 多多閱讀各式各樣的書。建議試著將自己化身為「作者」，一邊跟著書本的邏輯前進，一邊揣摩後續內容會如何發展。

4. 常常找老闆、主管聊天。透過這些對談，除了理解他們的視野之外，也可以在腦海中模擬自己當上主管時可以怎麼做。

5. 超越角色。避免自己的思維框架被他人的「可以」或是「不可以」侷限住，讓自己換位思考與行動，都有助於擺脫思考的框架。

6. 偏向「成長心態」的人更能跳脫框架，就算遭遇失敗，也不容易長期陷入挫折，而是會從中學習，追求進步。

讓風險變得可控

不想再後悔，偏偏計畫趕不上變化

曾有聽眾提問，到底要如何判斷，才能做出當下最正確、安全的選擇，盡量減少後悔的可能性？是不是唯有經驗豐富才能做出正確判斷呢？

我的觀點是：雖然累積人生經驗會讓你做出更周全的規劃，但終究沒人能始終面面俱到。甚至有可能碰上別人失誤或是想法反覆所造成的拖累。所以對於工作規劃，我建議應該盡量嘗試做到下面這五件事，如此就能讓你的選擇兼顧可行與安全：

・多準備幾個錦囊

小時候讀《三國演義》，不斷驚嘆諸葛亮好厲害，瞬間可以拿出三、五個錦囊，指引劉備、關羽或張飛，碰到事情時該如何應對；長大後，我執行專案，才發現諸葛亮實踐的技巧，正是風險管理。

面對生活、工作中的重要挑戰，我習慣將事情在腦海中一路想下去，排列組合出很多不同的變化。雖然不可能預想到每一種情況，至少你可以先準備三種：萬一發展下去，情勢變得非常嚴峻（悲觀狀態），有什麼應對的機制？若是順勢正常發展（中等狀態），會是什麼樣貌？或者，最後事情沒有那麼嚴重（樂觀狀態），那又會是什麼樣子？

以拜訪客戶來說，我會建議拜訪前先設想：「客戶為什麼找我來？他的目的和痛點是什麼？」而客戶有可能預算充分，也可能手上資金不足；或是很尊重專業，亦可能難以溝通。當你設想了之後，再針對不同的狀況，提出對應的方案。

譬如說客戶很好、配合度很高，對你的建議一律買單，這是最完美的狀況，但可能一百個客戶才會碰到一個；而這種情況通常也不用特別準備方案。特別需要錦囊的情況，其實是針對那一個最壞的劇本：比方說開案前客戶的態度很差，顯然不信任專業，手上預算也很少。那這類客戶很可能簽約後，忽然說時間很緊，又一直改東改西，造成後續執行上彼此猜忌。這在提案或是報價時，其實就得考慮進去；甚至必要時，如果對方在提案階段就有類似的跡象，選擇一開始根本不接案，或是提供對方一個很容易結案的模式也是一個應對方式。

當你手上有三套劇本，或者，至少要多準備一套「最壞情況」的應對劇本，那不管事情怎麼變，你都可以少點驚慌。

• 人生很長，逼自己練習面對變動

真實世界中，雖然可以有劇本和計畫，但事情往往不會照著走；有些人因此認為計畫無用，再也不擬定計畫。然而，縱使計畫趕不上變化，變化趕不上老闆的一句話，「專案管理」告訴我們：計畫，本就是用來調整的。正是因為會有各種變動，你才要有個起始規劃。

當你有了這樣的版本，一旦老闆跟你說「要多加幾個功能」，你才能分析「多加幾個功能的影響為何」、「時間的衝擊有多大」、「預算會不會因此超支」、「人力會不會不足」，進而就可以回應：「報告老闆，技術上可以增加這兩個功能，但經過我估算，如此需要增加人力，時程也可能要延後三個月，總計要額外支付一百萬元……。」

你知道影響、了解自己該爭取什麼，那面對變動時就有因應方式了。

不論是在公司做專案，或是其他人生相關的決策，變動既然無法避免，你就得花更多力氣去面對變動，甚至要提升自己面對變動時的應對方式。當變動發生時，你有辦法計算出變動後衍生的衝擊、能想出多個應對策略，你就更容易去溝通、協調、因應，再藉此調整計畫。

你環顧周圍專案管理做得好的人，他們的職涯往往比較平順，不是因為運氣好，而是他們更知道怎麼馴服這些風險和變動。

• 保持餘裕

這本書如果從頭讀到這裡，或是你經常收聽大人學的Podcast，甚至曾經來上課，你會發現：「餘裕」二字是「看懂局」以外，大人學的另外一個核心思維。

為什麼餘裕很重要呢？因為不管你計算再精密，或甚至是諸葛亮再世，也不可能算無遺策、不可能什麼事情都準備好。

於是，你需要幫自己留一些餘裕，讓手上有一些時間的緩衝、金錢的緩衝、各種資源的緩衝，而不要讓這些喘息的空間壓縮到很緊。這樣一來，萬一你受挫跌倒了，才有爬起來的機會。

你的人生也是這樣，每個月有些資金的餘裕，萬一該月份有什麼緊急支出，也就能優雅地因應；而每天讓自己有些時間的餘裕，你就能看看書、吸收點新知，讓自己能持續成長。

其他前面也有提到，有些經營者對「餘裕」毫不在意，他們的員工每天都要拚死拚活加班，那公司在經營上就承擔了過重的風險。只要碰到劇本上沒有設想的狀況，公司就會因為欠缺餘裕，導致應對的選擇變得非常少，長期而言，公司會非常不穩定。

• 做好取捨的準備

再怎麼防禦、再怎麼想得周全，萬一上述三招還是被攻破，你面對這樣淒慘的狀況，勢必要有所犧牲，這時，你唯一能做的就是取捨。

大部分人在取捨時很辛苦，因為什麼都想要，比方說開發系統時，「希望省錢、功能很強，又很快上線，還最好不要投入太多資源」；問題是，這是不可能的。所以最好在一開始就自問：「如果風險來臨，最後只能留下一件事，那到底是什麼？是上線時間絕對不能變？功能不能少？還是不能花太多錢？」

工作上如果能先跟老闆取得共識，萬一這個專案進展不如預期，什麼一定要顧好？是上線時間？是功能完整？或是成本要維持住？總而言之，核心先確認，取捨搞清楚，那就算不能什麼都如願，只要關鍵目的有達到，還是可以不讓老闆失望。

• 盡量與大家保持好關係

盡人事、聽天命，但如果天要亡我，那該怎麼辦呢？

當你盡了人事，大勢的發展卻不如所願，只要你與周圍的人保持好的關係，至少大家會看到你的努力，也會感動、同情，甚至有可能幫你一把。萬一你的挫敗損及他人利益，若有好的關係當作基礎，只要你能誠心道歉，周圍的人通常不會太嚴厲地怪你，你也不至於因為一次的失敗就徹底翻覆。

下一次在面對所有的事情時，可以依照上述五招來周全地想一遍，相信風險能夠進一步降低，事情也會愈來愈順利。

1. 縱使我們無法面面俱到，還是可以努力讓決策能力升級，減少後悔的可能性。

2. 多準備幾個錦囊：把「悲觀狀態」、「中等狀態」、「樂觀狀態」都設想一遍，再分別準備對策；或者，至少要能應對「最壞的情況」。

3. 逼自己練習面對變動：職場上難免遭遇各種變動，但如果你手握計畫，就能推算出變動後衍生的衝擊，也比較容易去溝通、協調、因應。

4. 保持餘裕：不管計畫多麼精密，也不可能萬無一失。因此你需要保有時間、金錢等緩衝，來因應風險。

5. 做好取捨的準備：先確認核心需求，萬一事態的發展不如預期，無法什麼都兼顧，至少也能藉由取捨達成關鍵目的。

6. 盡量與大家保持好關係：萬一挫敗了，至少大家會看到你的努力，甚至可能幫你一把，你也不至於因為一次的失敗就徹底翻覆。

練就以寡擊「眾」的能耐

”事情那麼多，怎麼做得完？“

現代職場的步調愈來愈快，工作往往一件接著一件來，這時我們不免想要靠著拚勁、加班來搞定一切，但我在〈用餘裕突破僵局〉曾說過，這麼做滿危險的，因為一不小心就會陷入惡性循環的殭屍狀態。那麼，如果工作實在堆積如山，但又說加班不是長久之計，究竟要我們怎麼做才好？難不成只能換一份更輕鬆的工作嗎？

其實還有一個可能的解法，就是「有效率地做事」。

所謂「有效率地做事」，指的是你該學習一些能提升工作效率的知識。

以下我要來談談六個最核心的技能，你可以思考看看自己目前在這幾個方面做得如何，也可以依循這些方向，進一步增進自己的能力；這些基本技能，尤其建議能在初入職場的兩三年就培養好。

• 時間管理

講到「時間管理」，很多人直覺會想到的是，透過某些技巧，讓自己能在同樣的時間內做兩倍的工作。但這其實只是時間管理的一小塊，畢竟時間能縮短的幅度終究有其極限，面對同樣的工作量，再怎麼加快也不會跟別人差太多。我認為**更重要的時間管理能力，反而是「怎麼選擇」**。

「選擇」的意思，就是怎麼在職場上正確理解老闆的所思所想，知道在老闆心中哪些事情重要、哪些事情其次，然後做出正確的優先排序。

當然，你手上的事情會不斷增加，所以接下來，你需要發揮減法思維，把那些重要的事情做到最好，而重要性次之的事情就稍微往後推遲，甚至利用簡易的方式做到「剛剛好」就好。

所以對我而言，「時間管理」背後包含了三項重點：

- 理解老闆的想法。
- 排出事情的優先順序。
- 發揮減法思維。

因為時間終究有限，再厲害的人也不可能把每件事都做得面面俱到，因此知道如何選擇，並把真正重要的事情做好，這是所有人在職場上都需要培養的敏感度。

・專案管理

在我剛開始接觸專案管理時，所謂「專案管理」還只是規模比較大的公司才比較重視，並有「專案經理」這個職務。

但近年專案管理愈來愈普遍，因為各行各業都變動很快，所以很多行業都開始有「臨時性任務」：老闆突然有個點子，便從各部門拉幾個人出來執行，而這正是所謂的「專案」。

由於這類點子來得突然，恐怕連老闆自己都未必思考得很周詳，加上參與的成員橫跨公司好幾個部門，過去可能也不曾一起工作，因此，要讓這個臨時編制的團隊能迅速提出市場喜歡的方案，還真是相當不容易！

也因此，你若能具備專案管理的概念，知道怎麼從無到有地做出概念，有辦法跟從沒合作過的人一起工作，還能具體規劃專案、在變動的時候分析與對應、甚至具備良好的溝通及協調調度能力，如此一來，你就能妥善應對這類「突發事件」。這能成為你底層的重要能力，讓你做起事來更有頭緒，職涯之路也會順遂許多！

• 熟練 Excel

我曾提過，大部分年輕人最該在學校學好的能力，除了本科系的專業知識之外，就屬微軟的Office軟體工具。原因在於，當我們出社會後，立刻就需要長時間和這些工具打交道。

而在Office系列中，又以Excel最重要。

因為在我們還很菜的階段，離上台做正式簡報大概還很遠，所以PowerPoint可能不是最優先會用上的工具。至於Word，雖然也有比較複雜的用法，比方說製作目錄之類的功能，但剛入職的頭幾年，老闆大概不會要我們寫非常複雜的文件。

另外，因為Word文件最後常是轉成ＰＤＦ或列印出來，所以就算真的什麼排版技術也不會，哪怕是多按幾下空白鍵或用一些笨方法來調整，大概還是能排出「看似ＯＫ」的文件，即使你不擅長，也未必會被老闆發現。

但Excel就不同了。不論是公式函數或樞紐分析，這些功能只要不會，就很難用其他方法湊合過去；而這些功能的會與不會，也會天差地遠地反映在工作效率上。

以我自己而言，在我第一份工作的頭兩個月，老闆立刻叫我做的事情，就是打開合約的圖面，找出每根柱子的資料，然後用Excel整理一份表格交給他。

雖然我是土木工程師，但剛到公司，老闆也確實不可能直接叫我設計東西，自然會從整理資料開始做起。

你若擅長Excel、能把資料整理得又快又好，甚至善於運用公式函數整理資料，工作起來就會更輕鬆。比方說，老闆提出問題，問你加總是多少、平均是多少、誰的業績最高，你可以立刻套入公式，跑出新的答案，老闆自然會產生「這個員工很機靈」的好印象。

所以在我看來，Excel也是愈早學透愈好的技能。

•檔案存放

所謂「檔案存放」就是你怎麼整理實體文件和硬碟、雲端裡的虛擬資料，以及你怎麼做版本控制。

在工作上，很多檔案和文件都有機會重複使用。某個任務就算今天做完了，也難保三個月後不會需要再進行一次。如果你能快速找到之前的資料，往往就能快速做出新版本；而想快速找到之前的資料，一開始怎麼建立資料夾、怎麼命名，就變得很重要。

偏偏有些人就是習慣把所有檔案都丟在桌面，什麼整理工作都沒做，這樣一來，之後要尋找某些檔案，往往就成了痛苦的大工程。

甚至，你還可能誤刪或不小心存到某處去了，於是下次要用的時候，花再久都找不到。這些找檔案所虛耗的時間，往往就會造成工作效率低下。

另一個很多年輕朋友容易疏忽的，則是「版本控制」的概念。比方說你寫了一份文件給老闆，老闆想改幾個地方，大部分年輕朋友可能會改完後直接存檔、覆蓋掉原有的版本。但有時老闆後續想一想，可能又會跟你說：「我想還是用原來的版本吧！」如果你沒有留下原版本，就增加了需要重新處理的麻煩。

所以，我會**盡量留下過程中的每個版本，以備必要時使用**。像我無論到企業內上課，或是開設公開課程，我都會留下每次上課的投影片，因為在這麼長的時間裡，難免會微調內容。如果有學員來找我討論二〇一三年四月二十二日的上課內容，就算是這麼多年前的老檔案，我還是能迅速在電腦裡找到那個版本，於是就可以清楚知道當時用的版本究竟談了什麼、傳達了哪些概念，也不會雞同鴨講。

在職場上，別人其實經常會需要你提供或參考之前的檔案來做事，所以建立良好的檔案管理能力，也是非常重要的事情。

• 文件製作

文件是別人認識我們的第一關。當我們剛到一家新公司報到，老闆不清楚我們的能力，如果你做的文件每次都亂七八糟，不是格子大小不統一、顏色混亂，就是閱讀動線不清楚、各種字型亂用，老闆若讀到這樣的文件，很容易覺得你缺乏組織能力、邏輯不好，對你的印象大扣分。

所以，**製作文件時，除了想想內容要寫什麼，最好也想想如何呈現能讓別人輕易看懂**，這有時甚至會比內容本身還更重要！

表單也是同樣的道理。我們在職場上難免會需要製作一些表單，而這就跟前述的Excel有關。除了要能快速做好、確保數字與資料正確之外，也要進一步思考，表單要如何呈現才能讓讀者清楚理解、不會有誤解、也不會漏掉任何一塊資訊。這其實也是很值得花時間鑽研的技能。

・表達能力

最簡單來說，表達能力就是如何說話、如何表達自己的觀點。因為你可能很聰明，腦海裡有很多好點子，可是別人若不知道或聽不懂，那就等於什麼都沒有。

表達能力的好壞，可能影響你手上是否有充足的資源來推進工作；甚至當你面臨變動及需求的調整，表達能力也決定了你能否說服別人來支援。

因此，你學了多少東西、你會多少東西很重要，但輸出的能力也一樣重要。這包含寫文章、寫email、甚至是提案的文字能力，也包含閒聊或有邏輯地把事情講清楚的說話能力。

另外，上台演講和簡報也屬於表達能力。雖然在我們進入職場的初期，可能不會有太多這類機會，但一段時間過後，必定會有類似的工作需求。此時你若能表現得好，也會替自己帶來更多職涯上的好機會與能見度。

以上，我把與工作效率密切相關的六項技能快速介紹了一遍，包含時間管理、專案管理、Excel、檔案存放、文件製作與表達能力。希望你能盡早以此為目標，有方向地來學習，如此對於擺脫加班、過勞會大有幫助。

大人的 Small Talk

1. 「時間管理」包含了三項重點：
- 理解老闆的想法。
- 排出事情的優先順序。
- 發揮減法思維。

2. 當事情不斷增加時，需要發揮減法思維，把重要的事做到最好，而次要的事就稍微推遲，甚至利用簡易的方式做到「剛剛好」就好。

3. 盡早具備「專案管理」的概念，增進溝通及協調調度的能力，就能妥善規劃、執行老闆交辦的「臨時性任務」。

4. 在職場上常會使用 Office 軟體工具，其中又以 Excel 最重要，若善於使用公式函數、樞紐分析等功能，就能大大提升工作效率，為自己的形象加分。

5. 「檔案存放」的重點就是怎麼整理實體和虛擬的資料，以及怎麼做版本控制。

6. 在工作上，很多資料都有機會重複使用，如果你能快速找到之前的資料，往往就能提升工作效率。

7. 版本控制：處理檔案時，盡量留下過程中的每個版本，以備必要時使用。

8. 文件是別人認識我們的第一關，因此製作文件時，除了想想內容要寫什麼，也要想想如何呈現能讓別人輕易看懂。

9. 表達能力就是如何表達自己的觀點，它可能影響你是否有充足的資源來推進工作，甚至當你面臨變動時，也決定了你能否說服別人來支援。

打通時間管理的活路

被事情塞滿，想做、該做的都沒做

我從很年輕開始，便堪稱「時間管理控」：我很享受將自己整天繁忙的工作整理得有條不紊，再一件一件做完，這也是我後來投身專案管理的重要契機；甚至在我讀大學的年代，智慧型手機尚未問世，我存了一點零用錢之後，就衝去買了一台年輕朋友應該沒聽過的「個人數位助理」PDA（personal digital assistant）。這個東西有點像是掌上型的小電腦，我在裡面安裝了各式各樣的時間管理軟體，用來安排行事曆和個人待辦事項。

如今，身處智慧型手機的時代，我嘗試過非常多種時間管理的APP、雲端工具，直到創業開公司之後，來自內心的聲音開始問自己：「這些時間管理的工具、技巧、軟體……真的有幫助嗎？我耗費在搞清楚、摸熟這些軟體、工具所花的時間，會不會比我省下的時間還要多？」

即便我很喜歡時間管理，但有時候難免任性地想擺脫待辦清單、想無視截止期限：明明知道這些工作可能緊急又重要，但就是提不起勁，也許就是想看一本書、想躺在沙發上看看電視、或是做一件不那麼重要、卻感興趣的工作。

那些我學過的時間管理工具，多數確實有用，但都有一個前提，就是「我現在有工作的心情」。

當惰性襲來，只想擺爛的時候，再棒的時間管理工具，我碰都不想碰。所以接觸時間管理愈久，我愈體悟到「工具」或許不是關鍵，真正的重點恐怕是使用時間的「習慣」！

就好比很多專家都推廣重訓的好處，但有些人就是不喜歡去健身房舉那些沉甸甸的鐵塊，與其白繳會員費，還不如養成多走路、多爬樓梯的習慣，雖然短期效果可能比不上重訓，但長久下來對健康的幫助可能更大。

時間管理亦然，能通過惰性、任性檢驗，還能留下來持續執行的，多半才是最有效的方法。

所以接下來我會介紹四種我運用於日常的時間管理概念，更準確地說是我運用時間的習慣，根據我親身實驗，這才是能夠永續執行的方法。

・預留神聖時間

攤開你的行事曆，看看有多少空格被別人占據了？

當我們先安排了別人要我們做的事情，剩下的時間才自由運用，那就是被動的時間管理。

假設你每天清醒的時間是十個小時，以每三十分鐘當一個單位分割出的二十個空格，就像是你人生限量的金幣，想像一下，每過三十分鐘，你人生的金幣就被拿走一個，這樣你還會隨意讓他人取用你的時間嗎？

以我自己為例：起床後到早上十一點前是我的神聖時間，我大概每週運動一到兩次，然後跟老婆一起吃早餐（這可能是整天下來，我唯一確定可以跟他一起吃的一餐），接著我會寫作或是閱讀想看的書。如果朋友在這段時間找我，我幾乎百分之百會拒絕邀約，因為「我已經和自己有約」，不准別人拿走我的「金幣」。

如果有其他的商務行程，我會優先安排在早上十一點之後到中午，我覺得那是「進可攻、退可守」的時間。

怎麼說呢？若有一家公司想來找我談商業合作，我跟對方並不熟，約十一點的好處是：如果說話很投緣、一拍即合，那開會到中午十二點，時間還不夠的話，可以一起午餐繼續聊，等於一口氣把生意談妥，午飯也吃了，而且我還能招待對方，略盡地主之誼。

反過來說，如果我對前來討論合作的人方向不合，或是他自己都沒準備好，當天無法談出結論，那我最多也就花費一小時。因為中午十二點是一個時間點，大家都要吃飯，我可以自然地讓會面告一段落，這正是進可攻、退可守。

午餐後，我會盡量保留一點到四點的完整時段，我通常會告訴助理：如果有人要跟我開會，除非是緊急或重要的事情，否則都約傍晚五點之後；如果真的不行，四點之後也能接受。

這四個小時折算下來是八顆金幣，只要不讓他人打斷，我就可以認真投入工作，或者找員工討論一些事情。我要把這八顆金幣緊緊放進口袋裡，誰都不能拿走。

那麼，開會時間為什麼要盡量約五點之後？答案又是「進可攻、退可守」。與上午十一點開會的邏輯一致，如果談得很愉快，就可以一起吃晚飯繼續談；但如果不想再聊，正好員工也要下班了，就可以順勢結束。

不過我也要澄清一下，如果你曾經與我開會，而我在六點結束會議，這不一定代表我不喜歡跟你開會，也可能只是會議真的告一段落而已。

「神聖時間」也不算什麼時間管理工具，而是根植於大腦的原則，可以說是主動型的行事曆管理，關鍵在優先將神聖時間劃分出來。

這麼做有兩個好處：第一，你可以好好駕馭這段時間，用於個人閱讀、寫作、錄製Podcast等，不用擔心會被打擾；第二，與家人相處時會有儀式感，像是我固定與太太共進早餐。

• 每天自問，今天最重要的一件事情是什麼

這個時間管理哲學，是向蘋果創辦人賈伯斯學來的。賈伯斯在年輕的時候，覺得生命有限，每天早上，他面對鏡子，會問自己一個問題：「如果今天是我這輩子的最後一天，那我該做些什麼？」

後來我發現，賈伯斯這道提問對我來說太理想化了，因為如果這樣問自己，答案肯定不會是去上班！因此，我改了一個版本，每天自問：「如果今天我只能完成一件事，會是什麼？」

如果我早上起床後，對著鏡子裡的自己說「我今天一定要錄完一集Podcast」，而接近傍晚時，我發現一口氣錄了兩集，那麼就算待辦清單上還有八、九項事情沒做完，至少我會覺得今天有所收穫、有做到對自己的承諾，而不會在上床睡覺前，自責尚未完成的事情。

換個角度想，把今天最重要的事情完成，再給自己一點鼓勵，這叫「小小的獲勝」（small win），而積小勝為大勝，才能更有企圖心、更有勇氣、更有熱情，好迎接第二天的挑戰。

• 只定下真正硬的「期限」

設定「期限」（deadline）是不少人在現實生活中的時間管理方法，然而，期限往往令人壓力山大，壓力累積久了人就會麻痺，最後乾脆放棄！

所以我的做法是，把所有的期限分為「軟期限」和「硬期限」：「軟期限」純粹是自己的期待，希望在這一天完成，可是真的延誤了，也不會有太大的傷害；至於「硬期限」，則是如果沒來得及完成，後面再努力也沒意義的事情。譬如準備標案，一旦錯過投標時間，就算提案再完整，對方也不會收件了！

我建議，不要在行事曆上塞一堆軟期限來徒增困擾，如果事情真的沒有那麼急，乾脆順序往後排一點，只留下硬期限就好，才能讓自己更加專注。

舉個例子，大人學有些經典課程熱賣好多年了，我常在讀完一本書、學到一些新觀念後，就會想更新課程內容。以前，我會設定一個心中理想的軟期限，來提醒自己。

然而，當這類軟期限愈來愈多，根本做不完，我就會開始麻痺，因為我的內心很清楚，接下來並沒有馬上要教這門課，根本不急著改版，於是就會一直拖拖拉拉。而這些軟期限延誤之後，卻又讓自己感覺很羞愧。

但現在我的做法不一樣了，我會去查行事曆，確認下一次教課的時間，假設是下個月的十日，前三天必須印好講義，那下個月的七日就是「硬期限」，如果那天還沒有更新講義，同學就看不到我最新想分享的內容了。

有些人拖到最後一天，工作起來反而非常專注、產能也會爆增，而我正是其中一員。我經常在送印前的最後一刻才把講義改好，有時候只花一個小時。如果當下知道沒有退路，破釜沉舟地專注投入工作，成果可能比我提早開始的版本還更好。

那麼，萬一壓到最後一刻，做不完又怎麼辦？

有一個變通方法，如果這件事情真的很重要，你擔心到最後才開始奮鬥會做不完，那你可以把工作切碎。比方說，我要完成一份講義，先提早一星期完成初步大綱，直到硬期限前的最後一天、最後一小時，我再來聚精會神調整關鍵的投影片。

與其設定一大堆不是真正重要的軟期限，然後又不斷拖延，讓自己內疚，甚至產生放棄的心理，還不如放自己一馬，只留下少數真正的硬期限當成目標。這雖然是一種妥協，但我們畢竟是人，採用符合人性的方法才可以長久！

・節省零碎時間

很多人在管理時間的時候，把注意力放在那些重要且耗時的工作上，但事實上，針對日常不起眼的小動作去優化，往往能積沙成塔，賺到更多時間金幣。好比「搜尋檔案」就是一個例子。

我自己這些年非常仰賴雲端服務，商務會議時，若對方說「檔案現在不在手邊，回公司才能找到檔案」，我會覺得滿不專業的。身處數位時代，你必須有能力在一分鐘內找到任何需要的檔案，只要善用Dropbox、OneDrive、Google雲端硬碟這類工具，讓檔案在多個裝置上同步即可。

還有另一個快速找到檔案的方法，就是設定檔案的「關鍵字」。現在的電腦都有檔案檢索功能，與其花時間去一層一層地探索資料夾，不如直接搜尋關鍵字。

為了更精準地搜尋到檔案，取檔名就變得很重要。我習慣把發生時間、客戶名稱、專案或產品代碼等各面向的參數放入檔名之中，雖然檔名看起來落落長，但搜尋起來非常便捷。

有句話說「你不理財，財不理你」，其實時間管理也是同樣的概念。但我想提醒的是，要做好時間管理，未必需要整天研究酷炫的軟體工具或高深的管理技巧，只要逐步建立前面提到的小習慣，你也可以成為時間富翁，享受時間自由！

大人的 Small Talk

1. 能通過自己的惰性、任性的檢驗，還能留下來的時間管理方法，才是最有效的。
2. 神聖時間是主動型的行事曆管理，概念是優先劃分出屬於自己的神聖時間，剩下的空檔才拿出來與其他人分享。
3. 每天自問，在今天的待辦事項中，哪一件事情一定要完成？優先完成當天最重要的事情，積小勝為大勝，才更能迎接第二天的挑戰。
4. 只定下真正硬的「期限」。若某件事沒有那麼急，乾脆順序往後排。
5. 如果某件事情很重要，你擔心到最後才開始奮鬥會做不完，你可以把工作切碎，做階段式的管理。
6. 試著節省零碎時間，像是把檔案上傳雲端，並將每個檔案完整命名，再善用關鍵字搜尋的功能，讓自己能在一分鐘內找到需要的檔案。

突破大腦的容量限制

”常常漏東忘西，健忘還有救嗎？“

請想像一下，某天你一到公司，老闆就交辦了工作，這時你腦中一定會思考要怎麼處理。可是你在走回座位的路上碰到了一個同事，他突然向你提出一個小問題，比方說某個檔案的檔名叫什麼，你可能心想：「這問題不難，等等打開電腦查一下就告訴他。」

結果當你一回到座位打開電腦，螢幕又跳出一則通知，原來是大客戶寄信來問問題，感覺這很緊急，好像應該立刻回應。

你的分機這時候又響了，是另一個部門的同事找你拿資料，要處理緊急狀況，於是你決定先幫他，其他事情則暫緩。

以上這樣的情境，是不是光用想像的就讓人非常焦慮呢？甚至隨著事情一直湧來，你可能很快就發現，光是確保這些事項都能記得就不太容易了，更別說是其中所有細節。

就算想先專注做其中一項，在過程中也會提心吊膽，擔心先擱置其他事情有沒有關係，也擔心自己忘記。於是你很容易慌亂，也很難專注。

對此，我的建議是：**從出社會的第一天開始就養成「隨時記筆記」的習慣**。因為筆記能空出大腦的記憶體，讓你更有效率地工作，而且再也不會遺忘任何事情！

若所有被指派的工作你都有記錄下來，就知道要去哪裡找，也必然不會漏掉。當你知道自己不用擔心漏掉待辦事項，工作時就比較不會焦慮，也能更加專注，而不是讓自己隨時提心吊膽。

我自己常用的三種筆記，包含**待辦事項筆記**、**各類記事的筆記**，以及**發想筆記**。

• 待辦事項筆記

這種筆記是集中存放工作指令的地方。裡面包含了老闆的指令、會議中討論出的待辦事項、同事請你幫忙的事，以及其他重要但不緊急的私人行程，例如洗牙、健身或讀書學習等。

這裡的重點是，這個筆記方式必須好記、好找、好整理，無論是電話收到的工作要求、email 請你查資料、老闆交代的專案工作，通通都放在同一個地方。

我稱這是自己的工作大水庫，我甚至會放入一些自己的私人待辦事項，比方說要完成書稿的整理、要去書店找一本新書、要跟醫生預約洗牙等。如此，才能確保所有重要的事項都不會被遺忘。

接下來，我在每個月或每個星期，會從清單中找出這段時間內必須進行的事項，並逐步完成。

至於每天早上到了辦公室，也可以根據工作進展及事情的輕重緩急，進一步制定「今日應辦事項」。假如今天行程鬆，那就從待辦事項的大水庫中多挑幾件事情來完成；假如今天行程緊，那就只完成一件事情也不錯。

有了這個待辦事項大水庫，我們就不用再花腦袋的空間去記什麼事情有沒有做，也不用焦慮自己好像漏了什麼，每天照著規劃執行或微調就好。

甚至某天原本排定的事都順利做完了，還可以從待辦清單中再找一、兩件「重要但不緊急」的事情來做。但若當天排定的事情還沒做完，那也沒關係，因為你知道進度落後，明天再繼續進行，甚至稍微趕工一下就好。

很多人常說「工作跟生活要平衡」。所謂「平衡」並非只是回家看劇或耍廢，而是有意識地在繁忙的生活中，安插重要但未必緊急的事情。

於是，於公於私你都不會放任自己整天救火、只是被動地回應別人，而是會拿回自己的主導權，有效掌握自己該做的所有事情，再根據每天、每星期或每月的時間狀況妥善安排。

說到這，有的人可能還會好奇：「要用什麼方式記下待辦事項筆記？」

我認為這就看你的習慣，使用紙本的筆記本或軟體工具都沒問題，關鍵在於方便規劃與調整。畢竟工作指派可能出現在任何地方，包括會議室、拜訪客戶、收到email、或是接到電話時，因此，就看你怎麼樣能最簡單地記下這類事情。

我自己早年是用筆記本，後來發現用行動裝置更方便。現在是用微軟的「To Do」這樣的APP工具來集中管理待辦事項，因為它是跨平台的，無論使用電腦、手機或平板都能輕易同步。

像我可能開會時快速用手機記錄，在座位上辦公時用電腦記錄，在通勤時想到什麼則用平板記錄。

如果你是個「實體控」，會隨身攜帶紙本筆記本，傾向用這種方式來記錄，那當然也沒問題。但總之，請務必有一個地方記錄你所有的待辦事項。

• 各類記事的筆記

比方說，你可能在做事的過程中查了一些資料、比較了一些方案，或者前輩、主管教了幾個工作方法，這些都可以透過這類筆記來記錄。又或者，你完成了某些特殊案件，也可以將處理SOP或摘要記錄在這類筆記當中，無論是以文字或圖解記錄都沒問題。

這類筆記的關鍵在於必須好記又好找，還要方便分類各種類型的內容。雖然很多人推崇方格筆記本，但我親身嘗試了不同類型的筆記本之後，反而覺得點狀的筆記本更好用。

原因在於，手寫在點狀筆記本上時，下筆能有基準點、避免跑版。另外，當你需要在筆記本上畫圖或是有比例時，這些點也可以當成座標，記錄起來更方便。

當然，你要使用Evernote、OneNote或Notion等電子工具來管理也沒問題。這類筆記工具的好處在於方便跨平台同步，也方便下標籤、下關鍵字，讓內容能分類或可以快速用關鍵字搜尋。

無論你想用什麼工具，關鍵還是要持續運用在生活中、持續把重要的事情都記下來。畢竟在職場中，我們學到了什麼做事的SOP、技術上的指導，或是任何從網路上蒐集來的資料，只要日後還有機會用到，就應該歸檔到筆記中。

• 發想筆記

這類筆記的記錄格式可能相對更多元，有時是文字敘述、有時是圖像、有時是你突然想到的某個流程或表單等等。

以我來說，有時候光是課後跟同學聊天，可能都會突然冒出新的課程想法。若能課後立刻寫個簡單記錄做為將來開課的參考，絕對是很有價值的。

也因此，**我認為這類筆記的關鍵在於：隨手可用，尤其要能畫圖**。比方說，你可以隨身攜帶一本輕巧好寫的紙本筆記本。

以我多年實驗的結論而言，太小的筆記本雖然好攜帶，卻不一定好寫；另外，若筆記本的外皮太軟，會讓你很難站著寫，必須有桌子甚或得坐下才能筆記；或者，想拿來當成發想的畫布，卻總會因為空間狹小而有點侷限。

我也試過比較大的筆記本，例如A3尺寸；它雖然好畫圖、適合自由書寫，但缺點是難攜帶。我這麼用下來，覺得最好用的大約是B5尺寸，並且可以平整攤開一百八十度的筆記本。

無印良品有好幾款筆記本符合這個標準，價格也很親民，不過唯一的缺點就是它的牛皮紙封面比較軟，必須放在桌上才好書寫。若能負擔高價一點的選擇，我認為Moleskine的硬殼筆記本很值得考慮。雖然會重一些，但無論拿在手上或放在腿上，都能輕鬆書寫，所以大人學後來也特別跟Moleskine合作過一款點狀的硬殼筆記本。我覺得這是喜歡實體筆記的朋友，可以考量的一個選擇。

如果你想使用電子工具，我則推薦OneNote。因為它允許朝著上下左右各方向任意擴展，而且在電腦、平板或手機上也都有對應的APP，使用起來很方便。另外，它也支援手寫筆，當你突然有靈感，只要拿出手寫筆，即可記錄各種形式的內容。

總結這次的分享，我談到了在職場上容易被各種事情淹沒的情況，你可以靠「待辦事項筆記」來記錄這些事情，避免讓自己陷入不斷被任務追趕的惡性循環。此外，你也可以運用「各類記事筆記」和「發想筆記」，幫助自己把各種收穫和發現都留存下來喔！

大人的 Small Talk

1. 這時代的工作任務往往來自四面八方，但你很難都記得。養成使用待辦事項筆記來集中管理，就能空出大腦的記憶體，讓工作更有效率，也不會遺忘任何事情。

2. 待辦事項筆記：用來集中存放各種工作的指令。試著把每一項工作都列出來，再根據重要性或其他指標來重新排序，接著每次專注做一件事，做完就劃掉，並透過筆記持續追蹤其他事項。

3. 各類記事的筆記：以文字或圖解記錄各種日後還有機會用到的資料、工作方法、SOP等，關鍵在於必須好記又好找，還要方便分類。

4. 發想筆記：記下各種點子與靈感，可以是文字、圖像、流程或表單等形式。關鍵在於：隨手可用，尤其要能畫圖。

用精準表達建立自信

「說話被講沒重點，該怎麼開口？」

Min（以下簡稱M）是大人學線上課程的學員，也是Podcast的忠實聽眾，他在海外工作時，曾來信詢問兩個令他深感困擾的問題。

第一個是「如何讓論述有重點」。

當時他剛換工作，在一間專門開發APP跟網站的IT公司擔任類似產品經理的職務。工作內容包含和客戶一起找出問題、定義產品及產品的開發維護，每週需要主持和客戶的問題討論會議，同時也擔任工程師和設計之間的溝通協調者。上司常說他的論述和簡報都沒有重點、看不懂想表達什麼。

M說自己一直以來常被說「講話很跳躍」、「不夠有重點」或「思考不夠透澈，看不見事情核心」，曾為了改善這個問題看了很多書，也做了很多自我提問的練習，比方說針對一個狀況多次追問「why」，卻好像還是沒有改善。這讓他很沮喪，也愈來愈沒自信。

第二個問題是「如何走出過去失敗的陰影」。

M到日本當交換學生畢業後，直接在當地求職，儘管非常努力練習，卻幾乎每個面試都被刷掉。後來雖然成功進入一間小公司，卻因為日文不夠好，所以在試用期就被開除了。

M因此大受打擊，覺得不管再怎麼努力，當對方覺得你能力不足時，就會立刻把你淘汰。這樣的陰影一直跟著他，就算經過了幾年，自己的日文愈來愈進步、也累積了更多的工作經歷，但到職新工作還是感到非常焦慮。

針對第一個問題，也就是如何讓自己說話有重點，我想提供三個對我而言效果不錯的方法。

・用三段式表達法

很多人被問了問題，都會很慌張，想說「別人問我了，一定要趕快回答」。但我得說，如果我們本來就不是說話非常有條理的人，急著回覆常會讓狀況變得更糟。比較好的做法反而是不要急，先在腦中把想法「組織」好再開口。

不過，所謂的「組織內容」該怎麼做？我們其實可以用「三段式」的做法來思考和表達。這三段依序是：結論、理由、論證。

「結論」指的是對於當下討論的議題，我們怎麼想；「理由」指的是我們為什麼這樣想；最後，「論證」則是蒐集到哪些資料能支持這個論點。

假設某天老闆突然走過來說：「上次我問你的那個問題，你怎麼想？」這時候，你就可以依循「結論、理由、論證」這個框架來回答。

實際的句子可能類似這樣：「老闆，我建議選擇A方案。因為我們的產品是針對三十歲上下的輕熟女。而A方案的風格比較活潑，女生很可能會喜歡。而且團隊在前幾天也訪談了一些過來店面的客人，80%的女性都喜歡A方案。」

你看，前面一開始先講結論是什麼，再分享這麼想的原因與更多相關資訊，比方說你查了什麼資料、這些資料反映出什麼狀況等等。在這樣的結構下，別人就會很明確知道我們是怎麼想的、為什麼這麼想，以及背後的來龍去脈。

回顧過去與人溝通的經驗，我發現會讓我感到沒重點或聽不懂的狀況，幾乎都是因為對方「鋪陳過多」。他說了一大堆，我卻聽得滿頭問號，心裡不斷想著「所以呢」。

很多人可能因為看了TED這類演講影片或相關書籍，總覺得「說故事」才能引人入勝、達到最好的溝通效果。但在職場上，無論是對老闆或客戶，因為大家都很忙，所以他們最在意的不是我們說的故事動不動人，而是能不能清楚扼要地提供他們需要的資訊。

因此，下次被問時，建議可以用「結論、理由、論證」的框架來試試看。這樣一來，論述能被大家聽懂和接受的機率就會大幅提升！

•請務必事先準備

在職場上，很多對話的機會其實可以事先預知。比方說明天要跟主管討論、後天要回覆老闆上次的問題、大後天要去拜訪客戶等等。

在這些「可預知」的對話情境中，我們應該事先準備好如何表達。比方說以「結論、理由、論證」的框架來梳理內容，並記好一定要講的重點，而不是被問的當下支支吾吾，事後才懊悔自己表達得不好。

甚至，如果這個對談非常重要，我可能還會準備一份書面文件，把論述的全貌都呈現出來。這份文件可以是一張簡單的手繪圖、一份文字的重點整理，也可以是投影片，或是其他能夠清楚表達想法的呈現方式。

這麼做不僅能讓自己在表達之前，更完整地把內容想過一遍，同時也能讓別人在有限的談話時間中快速理解，進而對我們留下「表達有條有理」的好印象。

•慌張或詞不達意時，更要慢下來

我其實是個「想法比嘴快」的人，這意思是，我腦中可能已經想到第三點了，但嘴上說的還是關於第一點的內容。這樣一來很容易發生一個狀況：我說的內容可能會有點跳躍。

當內容跳躍，聽的人可能就會中途提問，一旦他提問，我又更難以用原本準備的架構把內容講清楚。結果就是，我講得痛苦，對方聽得也很痛苦。

後來我發現，如果自己開始慌張而讓表達沒了架構，只會讓狀況愈來愈失控。而且可能愈著急，講得愈快，結構就愈難讓別人理解。這時候該做的不是慌忙解釋，反而要提醒自己慢下來，甚至是做幾個深呼吸；等重新掌握了說話的步調後，接著再把思緒慢條斯理地講出來。

當我們慢下來，不只自己腦中的思緒會慢慢回復，對方可能也會跟著把步調拉緩，開始思考剛才他不解的究竟是什麼地方、我們又能如何解決他的疑惑。

當雙方對內容的認知同步了，這段對話就能達到溝通效果，對方自然也會覺得我們是有能力清楚表達想法的。

關於M的第二個提問，也就是如何重建自信、不再被過去的失敗經驗影響，我會建議「用成功來洗去自己對失敗的恐懼」。

這意思是，**我們必須創造一些「小成功」，並透過這些成功經驗來幫助自己建立自信**。

比方說多數人小時候應該都學過騎腳踏車，初期難免常常摔倒，而摔了幾次之後，我們就會開始擔心繼續騎會摔更多次。這時候，我們其實得找個平坦的地方讓自己至少能平穩地騎一段路，這麼一來，我們會有信心；信心才會讓我們有勇氣騎得更遠，甚至能拿掉輔助輪。

在工作上也是如此，我們在某件事情上表現不好或失敗了，可能會覺得自己很無能、擔心下次又失敗，這時候我們也需要幫自己建立新的「成功印象」。讓自己累積幾個順利完成的經驗，慢慢就會有自信心，而這就會讓我們有能力面對更大的挑戰。

換言之，如果M對自己的表達一向沒有信心，不妨盡快透過前面提到的三個方法做好準備，這麼跟上級報告幾次，你一定也會逐漸發現自己是有能力做到「溝通無礙」的。後續，你就會慢慢安心、找回自信。

所以，如果你也有「說話被講沒重點」的困擾，以上提到的幾個建議，請務必嘗試看看，就有機會一次解決問題囉！

1. 如果我們本來說話就不是非常有條理，急著回覆常會讓狀況變得更糟。比較好的做法反而是不要急，趕快在腦中把想法「組織」好再開口。

2. 三段式表達法：用「結論、理由、論證」框架來依序說明。
   - 結論：對於當下討論的議題，我們怎麼想。
   - 理由：我們為什麼這樣想。
   - 論證：哪些資料能支持我們的論點。

3. 老闆或客戶最在意的不是我們說的故事是否動人，而是能不能清楚扼要地提供他們需要的資訊。

4. 在職場上，很多對話的機會其實可以事先預知，我們應該事先準備好如何表達。

5. 面對重要的對談，建議可以準備一份書面文件，把論述的全貌呈現出來，讓自己在表達之前，更完整地把內容想過一遍。

6. 如果自己在表達過程中開始慌張，試著提醒自己慢下來，讓雙方都能恢復思緒，你也能克服緊張。

7. 關於如何重建自信、不再被過去的失敗經驗影響，建議創造一些「小成功」，用成功來洗去自己對失敗的恐懼。

開發萬用的業務技巧

不賣東西，何必向業務學習？

我在職場將近二十年的歷程當中，陸陸續續學習很多技能，但如果真的要講哪一項技能對我的幫助最大，那就是「業務技巧」。

剛出社會時，我接觸過幾位業務，駐點在公家機關或是大公司，整天與有決策權的人聊天、抽菸、吃飯。年輕的我覺得業務這份工作實在太不專業了，整天對著客戶油嘴滑舌，最後還不是都把事情交由工程師解決，因此我從未想過要當業務或是去學銷售技巧。那為什麼現在我卻這麼看重「業務能力」呢？

接下來，我要分享四個發生於職涯和生活之中的「轉捩點」，這四段經歷讓我意識到：原來我對業務工作的認知實在是以偏概全。當我認識更多的超級業務之後，我發現他們都是善於觀察與探測人心的高手。

好的業務不會只對自家產品老王賣瓜，而是仔細地從各種角度擷取跟客戶相關的細節，推測客戶的想法，然後透過發問進一步確認自己的推測。若猜不對，就換個切入點再來；猜對了，當然就距離成交愈來愈近。

第一個故事，在我工程師生涯剛起步的階段。

那時我在一家做帷幕牆的企業上班，我們會用到一種很特別的矽利康，專門用於大樓帷幕，它的強度很高，並且能耐風壓和地震，與一般在五金行買到的矽利康截然不同。

全球能生產這款特殊矽利康的公司頂多兩、三家，有一次，其中一家外商指派了一位銷售顧問（業務）來公司介紹他們的產品。

負責專案的我，對矽利康完全外行，但這位業務非常有耐心，甚至帶點學者的氣息。他細細說明不同材料的差別、教我們該如何選擇，雖然也強調了自家產品的優勢，卻絲毫沒有給我們強力推銷的感覺；那時才二十多歲的我，第一次覺得：「哇，原來做業務未必要靠交際應酬來拉生意，也是有這樣靠專業取勝的業務呀！」

第二個我對業務印象的轉捩點，來自於生活經驗。

我爸媽住的大型社區有好幾百戶鄰居，有一回，社區舉辦跳蚤市場，鼓勵住戶把家裡用不到的東西拿出來，在社區中庭擺攤。

我盤點了家裡堆積的電器用品、股東會紀念品、狀況很好可是沒什麼玩到的兒時玩具，也出動擺攤，一方面好玩，一方面也希望出清家裡的雜物。

除了鄰居之外，我發現也有好幾位移工結伴來逛跳蚤市場，我一聽到他們交談，發現他們儘管不擅長講中文，卻能用英文溝通，於是，我也用英文與他們瞎聊。

有趣的事情來了：可能其他擺攤的鄰居語言不通吧！結果有十多位移工都聚集到我這兒來，讓我的攤位變得超級熱鬧。

我開始用英文耐心解釋產品使用方法，確認購買意願後，也爽快給予折扣；後來，其他客人目睹我這一攤特別爆棚，也全都圍上來，我的二手貨一下子就賣光了。

隔壁擺攤的小弟眼見我那麼會銷售，也將他的玩具全部放到我的攤子上，丟下一句「哥哥，你幫我賣」，然後一溜煙人就不見了。

雖然沒賺很多錢，但我超有成就感：我以前從來不覺得賣東西有多麼了不起；但這次與買家的交流非常溫馨有趣，對方便宜買到喜歡的物品，我也完成斷捨離的任務，還賺到一點小錢，很棒的雙贏！

這次經驗讓我對於「銷售工作」有了全新的想法：過去，我是工程師，一心想解決複雜的技術問題，證明自己夠聰明、很優秀；但我從來沒有想過，原來我只是和客戶聊聊天，幫助他得到他想要的東西，雖然並沒有解決什麼技術問題，也能感到心滿意足、充滿價值。

第三個故事，是我後來轉職到一家軟體公司上班。

有次老闆突然拿一份名單給我，上面列的是過去十年曾經交易過卻失去聯絡的老客戶。老闆要我一一打電話聯絡，關心這些客戶的軟體使用經驗，同時創造新訂單的可能性。

當時我的價值觀有點偏差，懷著國立大學畢業生的「自尊心」，覺得要打電話「求」別人買公司的東西，真的很糾結，平常就很討厭接到電話行銷，沒想到這次換成我打電話，但這是老闆交代的任務，我也只能硬著頭皮執行。

一開始，我緊張到手發抖，講話結結巴巴，內心還覺得很丟臉，結果出乎我意料，硬著頭皮打了十通、二十通之後，還真的出現劇情反轉！

首先，還是有不少人願意聽我說話；其次，我還真的成交了兩張訂單，其他沒馬上成交的客戶，也有很高的比例會回應：「可不可以寄一些資料過來？」或是對我說：「我們想安排一場簡報，請幫我們介紹一下最新推出的軟體。」

我發現，原來打電話主動去提供服務是有用的，而且那種姿態既不是我原本誤以為的「下對上、懇求別人讓自己做生意」，也不是強迫推銷。

我轉念一想，應該調整為新的心態，也就是「我們提供可以幫助你的機會，如果你需要，我們繼續聊聊；若不要也沒關係，之後再連絡」。這同時也是我對銷售的新定義！

第四個故事是：二〇〇七年第一代iPhone面世時，我偶然看到媒體報導，發現一位國外的電信大亨挾著雄厚的資本來台灣拜訪，國內業界也舉辦餐會歡迎他。

餐會上，好幾位身家上百億的大老闆展現柔軟身段，分別跑去向這位電信大亨敬酒，同時還拿著樣本，親自推銷自家的商品和服務。

我當時看到新聞畫面滿震撼的，甚至有點感動。我心想：「哇，這些身家上億、全球知名的台灣頭家，為了公司發展，也得扮演業務的角色，大力介紹自家的產品，去爭取訂單。而與這些大老闆相比，我根本就是個無名小卒，向別人介紹產品，我憑什麼欲言又止、玻璃心、怕被拒絕？」

這些身家百億的企業主當然不是業務，而是掌舵者，但業務性格使然，讓他們站到第一線、為公司開疆闢土。

說到底，**「業務技巧」不光是表面上的銷售產品，本質上是幫助客戶解決問題，催生好的商業交換**。

進一步梳理業務技巧，我認為第一要務是誠意和耐心：你必須要能釐清客戶的需求。有句話說，「當客戶來買電鑽，他要的不是電鑽，而是牆上的洞」。所以厲害的業務不會只專注在產品本身，而會細心地探究客戶沒說出來的需求。

此外，跟客戶對話不能只是「他出題、你答題」的單向溝通，不然我們與「ＡＩ客服」有什麼兩樣？比較理想的做法是培養提問的能力，透過雙向對話，反覆驗證客戶真正的需求。但我發現，很多業務不太問問題，因為擔心提問之後，客戶拋出更多他不懂的疑難雜症，反而自曝其短。

但仔細想想，就算被客戶問倒，又有何妨？我們是人，不是Google或ＡＩ，更應該多加發揮人類的抽象思考能力、創意等，而非想要變成資料庫。

面對客戶提問，毋須緊張，更不用視為考試，你不需要第一時間就有答案，因為解方也不一定在你身上。若不懂，絕對不要亂講一通，建議直接開誠布公，向客戶說明「這個問題我不懂，可是我想再一次確認你的問題，也請你給我一點時間，我去幫忙找答案」。

說真的，這麼多年來，我也有被客戶問倒的經驗，但是當我告訴客戶「我現在沒有答案，但我會幫你找出答案」後，從來沒有客戶為此生氣，也從來沒有客戶批評我「你爛透了，連這個都不懂」；客戶往往高興地說：「好，麻煩你幫我們研究一下，有什麼結果再請告知。」

業務技巧的本質是服務。從這個角度來審視，不管你現在做哪一行，也不論你是助理、祕書或行政人員，我都強烈建議你磨練自己的業務技巧，不妨把老闆、主管、同事當成「客戶」，不斷努力聽懂他們的問題，再幫忙媒合資源來找到解方。一旦熟練之後，你會驚喜地發現，你的努力將獲得超額的回報。

大人的 Small Talk

1. 好的業務不會只對自家產品老王賣瓜，而是仔細地從各種角度擷取跟客戶相關的細節，推測客戶的想法，然後透過發問進一步確認自己的推測。

2. 「業務技巧」並非單純地銷售產品、取得訂單，而是幫助客戶解決問題，催生出好的商業交換。

3. 業務技巧的第一要務是誠意和耐心：你必須耐心地推敲客戶的需求。

4. 與客戶的交流絕不能只是「他出題、你答題」的單向溝通，比較理想的做法是自己要有提問的能力，透過雙向對話，反覆驗證客戶真正的需求。

5. 面對客戶提問，若不懂，建議直接開誠布公，向客戶說明「這個問題我現在沒有答案，但我會去幫你找出答案」。

建構當責的格局

當責？是不是騙人賣命的話術？

很多年前，管理學很強調工作者要「負責」（responsible），可是這幾年，轉而開始強調「當責」（accountability）；但相對地，也有不少上班族開始對這個詞感冒，懷疑是不是老闆誘騙員工賣命的新型話術。在這裡，我想先從一個故事說起，談談當責究竟是什麼樣的概念，和負責又有何分別，還有為什麼「當責者」總是比「負責者」更被重視。

有三個廚師都受僱於同一位老闆，幫老闆家做菜。一號廚師把工作視為

「有錢人對他的剝削」，所以老闆請他準備三菜一湯，他就想：「我拿多少錢，做多少事。如果我付出太多，超過這個薪水，我就虧了。」

於是，他進了廚房，決定隨便煮個泡麵就好，畢竟老闆給那麼少錢，不用做得太認真。一號廚師不只沒有當責，他連負責都稱不上，因為連被交辦的任務（三菜一湯）都沒達標。

二號廚師則認為領人家的錢就要好好做事，是典型的「負責」代表。他一接到任務，就去看看冰箱裡有什麼食材，再發揮自己受過的烹飪訓練，做出好吃的三菜一湯。

最後，輪到三號廚師。他認為工作既不是剝削也不僅是責任，反而是「施展身手的舞台」，這種人是「當責」代表。他接到任務後開始思考，分析老闆平常喜歡吃什麼，甚至會去了解老闆的膽固醇太高、老闆娘口味清淡、老闆的小孩不愛吃青菜等細節，最後依據需求做出三菜一湯。不只這樣，他可能還會跟大家解釋為什麼做這些菜、能帶來什麼健康功效等。

這個比喻告訴我們，**當責可被視為百分之百負責的心態，它是超越負責**

的心態。不只是完成老闆或客戶交派的任務，當責者還想盡辦法確保「最終成果的最佳化」。

如果你常看國外的商管書籍，當責很常跟「所有權」（ownership）一起被提及；什麼是所有權？它指的是負責這份工作的人完全擁有這份工作，並且全數承擔後果。

以現實中的工作狀況來比喻，很多工作者會覺得「老闆叫我做這件事情，老闆才是這件事的擁有者」，可是對當責者來說，不管位階高低，今天他扛下這件事，他就有責任把這個作品看作自己的生涯成就。或者我們可以說，負責是對其他人的交代，而當責除了對其他人交代以外，更是給自己一個交代！

很多書或文章都會強調當責比較容易讓我們擁有成功的職涯，但我覺得當責真正帶來的最大好處，是我們更容易從工作中獲得快樂！

像是一號廚師，他覺得上班就是被剝削，當他抱著這種防禦性或受害者心態的時候，上班必定會變成很大的壓力。每天早上起床心裡很可能覺得「今天又是被剝削的一天」，這種想法真正殘害的是他自己的心理狀態。我們常說的「憂鬱星期一」某種程度也是這樣來的。

多數上班族比較像負責的二號廚師，或許占了總人數80％。在我們接受的教育中，父母、師長告訴我們工作就是要盡忠職守，所以我們那樣做。可是工作對我們來說仍然是一個背負的責任，仍然是為了我們的生存，不得不做的事情。

負責任的人絕對值得尊重，可是更該思考的是，他怎麼看待自己的人生？每天開心與否？

因為對負責者來說，他只是把工作當成責任，雖然他盡忠職守，可是畢竟還是為別人而做。上班時花了大部分的心力，下班之後已無法好好投入自己的興趣，很容易變成朝九晚五的「薛西弗斯」，也就是希臘神話裡那個被眾神懲罰的人：每天推大石頭上山，推到山頂的時候，石頭又會滾下來，日復一日不斷重複。這其實是一種非常痛苦的煎熬。

現代人愈來愈重視個人快樂，那就要多學學三號廚師，上班對他來說不只是服務他人，更是替自己搭建舞台。長遠來看，他正在主動打造自己的事業，不僅是被動地完成別人給他的差事。持續這樣的工作態度，有天成為知名主廚或餐廳老闆，也不過是水到渠成！

身為一個當責者，真正重要的還不光是把事情做好，而是自己有沒有辦法做出「自己打從心裡認可、引以為傲的成果」。會這樣思考的人真的不多，但我得說，用這樣的態度工作，遲早會成為某個領域的一方之霸。

態度很多時候真的決定了一些結果，抱持不一樣的態度，即便在一樣的工作、位階，甚至薪水都沒有變，你與老闆之間的局勢常常也會跟著轉換。當你有了這件事情的所有權，某種程度你就掌握權力，比起你有多需要老闆，老闆反而會更加需要你。

那麼，要如何培養當責的心態呢？我這裡有三個建議，你可以選擇比較有感覺的方式進行。

第一個建議，就是從事自己真心喜歡、充滿熱情的工作。因為你會從中得到滿滿的成就感，你內心知道每一滴汗水都是為自己而流，自然就不會有被剝削、被壓迫的被動感。

第二個建議，就是常常在心裡默想：如果我是公司老闆，或是這項任務的負責人，我會怎麼做這份工作？我能理解不是每個人都能遇到自己真心喜愛的工作，但至少我們可以角色扮演一下，學習成為當責的人，有了這樣的心態，被老闆肯定是遲早的事。當你成為紅人，你就更有機會選擇自己喜歡的工作。

第三個建議，為自己的工作下一個全新的定義。你可能聽過這個故事：有三個石匠在工地忙碌，村民好奇詢問他們在做什麼。

石匠甲不耐煩地說：「我在砌石頭啊！不然咧！」

石匠乙平和地說：「我在蓋教堂！」

這時候輪到石匠丙，他眼中閃耀著光芒，面帶微笑地回答：「我正在歌頌上帝的榮耀呀！」

雖然你我未必是教徒，但我想你一定明白這個故事的含義：所謂「意義」原本就是人賦予的，為工作找到能驅動你的意義，你自然成為主動的當責者。

最後請記得，成為一位「當責者」並不是為了成就老闆，甚至不是為了讓自己升官發財，它真正的價值，是讓我們每天的工作變得更有意義，我們的生活也能從中獲得更多的快樂與滿足！

大人的 Small Talk

1. 上班的受害者心態：覺得上班就是被剝削，擔心被老闆占便宜，於是「上班」這件事變成了很大的壓力，這會殘害個人的心理狀態。
2. 「負責」就是盡忠職守、把事情做好，雖然這樣的態度值得尊重，但「負責」畢竟還是為別人而做。
3. 當責是百分之百負責的心態。當責者不只是完成自己獲派的任務，還會想盡辦法確保「最終成果的最佳化」，做出「自己打從心裡認可、引以為傲的成果」。
4. 所有權（ownership）指的是負責這份工作的人形同完全擁有這份工作，必須全數承擔後果。
5. 用當責的態度工作，遲早會成為某個領域的一方之霸。
6. 如果能找到真正想做的事情，然後去做，工作時間就不再是被剝削，而是開心累積專業、打造人生舞台的機會，自然也能成為當責的人。

結語

成為自己職涯的操盤手

姚詩豪 Bryan

很高興你一路讀到這裡，這對讀者還有我這個作者來說都很不簡單。我曾經看過一篇統計報導，一本書若有30%的購買者從頭到尾全部讀完，已經算是名列前茅了！然而，即使你認真讀完這本書，我猜現在也忘記了大半的內容。你可能不記得「時間管理的三個重點」是哪三個，對於「因應風險的五個絕招」可能也記憶模糊了！你是否曾經想過，既然一本書在我們看完之後，會忘掉絕大部分的內容，那麼花這麼多時間與心力來閱讀，究竟意義何在呢？

我曾經深思過這個問題，後來找到了屬於我的答案，並在TED上分享。我的結論是，閱讀真正的意義，不光是獲取新的知識，而是在創造新的

「連結」：在我們內在思維與外部環境之間，搭上一條通路；當我們面對外部環境的挑戰時，就可以採用新的觀點來詮釋、決策、與行動，達成不同的成果。簡單來說，就是透過閱讀來形塑我們的價值觀。

比方說，我一直對心理學充滿興趣，也閱讀了許多相關書籍。但如果今天你拿我讀過的書來考我，我一定被當，因為大半的知識點我都忘了。但這並不表示我的閱讀都白費了，雖然每一本我讀過的心理學書籍，主題都不同，但有一件事情卻是共通的，那就是心理學專注在探索「人到底在想什麼」這個核心問題。累積了一定的閱讀量之後，當我遇到人際關係的挑戰，我的大腦就會自動引導我去思考「對方到底在想什麼？」「為什麼他會有這樣的行為呢？」於是，心理學幫我塑造了全新的觀點，從情緒反應與動物直覺，轉變為邏輯思考與理性分析！

所以閱讀真正的要義，是在吸收知識的過程中，感受這門學問的本質，再逐步建立全新的價值觀，進而影響我們的決策與行為。當決策與行為提升了，自然會獲得不一樣的成果。

那麼，這本書的本質到底想談什麼呢？我想先請你記得兩個英文單字：job與career。這是我在演講中常常提醒聽眾的兩個字，你能夠區別這兩個字的不同意涵嗎？

job通常翻譯成「工作」，中文的意思有點含糊，我會說它更像是一份雇主交辦給我們的「差事」，或是指派給我們的一個「職位」，是被動的。而career的意思則完全不同，它指的是個人終其一生的「職涯」歷程，是主動的。job只是一個獨立的點，而career是一條橫跨人生至少三分之一時光的線；job是別人指派給我們的一份工，我們扮演組織裡的一顆小螺絲，而在每個人的career中，我們都是那唯一的主角，我們擁有職涯的主動權，卻也承擔所有經營的責任。

我希望每位讀者在讀完這本書後，能清楚區分job與career的不同，不光是說出這兩個字的定義，而是真正用積極主動的心態去勾勒出屬於自己的職涯，成為你個人職涯的操盤手！

未來在職場上遇到困境，你要做的不是情緒上的直覺反射，甚至不是回頭查詢這本書的解法，而是先問自己：「身為職涯的操盤手，我該怎麼做？」別小看這樣的念頭，它會引領你從被動心態化為主動心態，以一個經營者的觀點來看待職場這個局。而你手上的這本書，就是你的「個人公司經營手冊」，像一位忠心的幕僚隨侍在側，陪著你達成人生的目標！

最後我想再度感謝你的閱讀，也要感謝所有支持大人學的夥伴，包括《大人的Small Talk》的聽眾，雖然你們常說：「大人學的內容改變了我！」但我想說的是，各位這些年來的相挺，才真是豐富了我的人生。

未來的職涯之旅還很精采，我們就一起結伴同行吧！

姚詩豪　二〇二三年

結語

在人生的馬拉松上持續前進

張國洋 Joe

這麼多年來，一直都有人問我：「職場順利的最大關鍵是什麼？」「是好學歷？是取得很多證照？是進到當紅產業？是找個穩定工作？還是跟對老闆？」

這些都有幫助，卻也都不是關鍵要素。

證照與學歷是我們初入社會的門票，但進到第二份或第三份工作後，它們對於職涯的挹注會逐漸減少，你的經歷與戰功則會更重要。產業選擇在我們上一輩的年代確實關鍵，畢竟當時社會變動慢，一個風口產業很可能會興旺五十年。我們在前作《沒了名片，你還剩下什麼？》也有講，像大同電鍋一賣就賣了一個世代，你若是那個年代的工程師，確實能只做這個產品就穩當一輩子。但在二〇〇〇年後，很多議題往往也就紅個三到五年。就算你真的選對了某個當紅產業、碰上了好老闆，也不表示你能在其中安穩一輩子。於是乎，當紅產業、穩定工作、或好的老闆對我們站穩起點是有幫助，但終究很難完全依賴。

更重要的是，當我們誤以為自己可以依賴某個產業、某份工作、某位老闆、某種學歷與證照的時候，人就容易謬誤地認定自己具備「足以自保」的優勢。但這種錯誤自信卻容易讓人停滯，進而被淘汰。

我碰到很多人在三十五歲或是四十歲後覺得職涯卡住。他們大部分並不是一開始就被卡住，可能有不錯的學歷、一開始也有份還不壞的工作，處在某個似乎有前景的產業，但就因為安於穩定，於是隨著年齡增加而開始危機四伏。

當事人大都以為自己是因為年紀老了而被淘汰。但年紀其實不會淘汰任何人，沒有對應於年紀的價值與能力，這才會是問題。

我知道讀到這兒的你或許會不服氣。畢竟你我周圍總有一些中年失業就無以為繼的親戚或朋友。

但我就問：假設你是一名經營者，如果明天張忠謀、鄒開蓮、比爾蓋茲、華倫巴菲特，或是任何你很敬重的某個名人到你公司應徵，跟你說願意每個月新台幣五萬塊薪水來當你公司的主管，你會只因為他們年紀稍長而拒絕嗎？

不會的，你會覺得自己賺到了。這麼有本事、這麼有產業資歷的人，居然願意拿這麼少的錢來協助我!?你不會嫌棄他，你會喜出望外。

所以職涯的問題，從來不是年紀的問題，而是人到了某個年紀卻沒有對應的能力、沒有辦法獨當一面、沒有辦法帶兵打仗、沒有顯赫戰功、或是沒有人際奧援的緣故。

但大部分人從沒參透類似職場基本的遊戲規則，於是花很多力氣在追尋證照、找鐵飯碗、甚至中年後還跑去胡亂念個對自己幫助有限的學歷。他們並不是不努力，卻總是因為不懂遊戲規則而在錯誤的地方努力。這也是為何我們在這本書裡頭花了這麼多的章節，嘗試跟大家講該怎麼看懂局，怎麼做對的選擇，怎麼趨吉避凶，以及怎麼讓自己把努力放對方向。

然而，看懂局也僅僅是起點。

在這本書的最後，我想另外提供三個因為篇幅限制無法詳談，但建議你後續該持續努力的面向，這些也是我們一再強調的重點。我也鼓勵大家後續可以多聽我們的Podcast節目、沒事多來大人學知識平台看看文章、甚至來報名大人學的系列課程，以確保自己能把這三個面向持續鞏固好。

・後續努力的關鍵面向①：穩定增長

我這幾年觀察後發現，很多中年開始變得辛苦的，其實在學生時代都是認真的好孩子。所以後來好多年我都在想：到底為何學生時代混得好的，不表示出社會後也很好？

我後來的結論是，很多人其實是沒有理解到人生「真是一場馬拉松」。他們以為高中、大學結束後，拚搏也就告個段落了，接下來只要找個穩定工作就可以輕鬆悠哉了。

但很遺憾的是，學生時代只是賽前的熱身，真正的跑步其實是從離開學校後才開始。

學生時代哪怕輸在起跑點也沒關係，但你非得要有一個「長期目標」的認知，而且還要把那個「長期目標」的終點定在超級遠之處。因為唯有把目標定得超級遠，你才會持續跑；也才會「意識到」自己得「持續配速」，調整改善直到最後一刻。

如果我們把目標定在星星，努力半天可能只打中月亮；但我們若只把目標定在屋頂，大概中年後也就只能打破窗戶了吧？

在台灣，大部分中產家庭的孩子其實都沒有怎麼輸在起跑點，甚至以求學的十年來講，無論聰明或駑鈍，大家也都能順利大學畢業。但畢業後，絕大多數人的步伐就緩下來了，甚至就像龜兔賽跑的兔子一樣睡了好久⋯⋯，因為對許多人而言，學習只是用來應付考試而已。於是畢業後，許多人開始做個沒什麼挑戰、不怎麼艱辛、也沒什麼成長的工作。

其實我發現害死最多人的，真的就是「錢多事少離家近」這句話，以及想找「穩定鐵飯碗」的人生志向。一旦目標定得不高，做到了之後，就會安穩地每天周而復始、自我停滯。等十年過去，若自己增長有限，當然年紀就會變成原罪了。

人生的順利，其實是讓自己有正確的目標，並正確地增長。因為安穩不是自然而然的，而是你的努力抵銷掉世道變化後的結果。

簡單講，就是不要畢業後停滯下來，學習與增長是一輩子的事情。

但增長也不是無腦亂學。畢竟時間精力有限，學習正確的東西、在有價值的議題上增長，才能對我們的職涯有所助益。

我們在大人學有一堂課名字叫做「用經營公司的思維經營你的人生」，

如果你處在二十五到三十五歲之間，我非常建議報名參加。如果能把自己當成一間公司來經營，讓自己不依賴產業、不依賴鐵飯碗、不依靠老闆照顧、不以為證照學歷能保護自己一輩子，你就能靠自己的力量，成長出獨立意識與生存所需的強韌肌肉。

這些有了，又輔以你能看懂局，那無論將來世道怎麼變、產業怎麼變，你都能游刃有餘。

• 後續努力的關鍵面向②：人際關係

你能看懂局，又讓自己有值得努力的長期目標、讓自己穩定增長，下一個值得努力的，就是去優化你的職場人際關係，並定出合宜的策略。

大部分的職場其實都不是能單打獨鬥的環境。或許你是很厲害的工程師，但做出來的東西需要有人銷售、行銷、進行客服，也需要法務、總務、HR等等的團隊協力。

你自己強，但是若無法讓團隊也強，或者，你自己強，卻無法贏得團隊的信服，你的獨自強大終究也只會功虧一簣。

所以看完這本書的你，我也建議後續你該思考，怎麼在職場上有意識地建構能吸引別人願意跟你一起工作的性格魅力以及合作方法；無論是怎麼友善地說話、怎麼理解別人的動機、怎麼有效地交換與談判，都對於人和有幫助。

如果你沒有頭緒，也建議後續可以來參加大人學的一堂經典課程，叫做「職場大人學：職場人際關係與優勢策略」。這堂課在談如何具體在工作中贏得老闆信賴、取得同儕合作、並正確地管理與領導下屬。這可以讓已經能看懂局的你，進一步贏取周圍每個人的信賴與合作。

• 後續努力的關鍵面向③：享受工作

我知道這世間總有一派人，會把職場當成某種無法避免的苦差事。他們上班，只是為了換取生存所需的不得不。可是當你抱著「不得不」的心情時，其實就不可能有什麼好的職涯發展了。

因為當一切都是不得不，你工作時，就會想要盡量提高CP值、降低投入，你就無法為自己定下遠大的目標、很難鼓勵自己持續增長，你也沒有誘因想要維持好的人際關係。因為你下班回到家，已經累癱了，注定只想逃避、只想追劇、只想打電動、大吃大喝，或做任何能轉移注意、帶來短效心理補償的事情。

但那些能持續增長、能做出戰功、能人際關係圓融、能不斷學習新知的人，並不是他的心智能力強大，而是他讓職場跟自己的天賦熱情產生緊密的綜效。

換言之，「讓自己做快樂的工作」這件事情其實至關重要。因為你做的事情如果剛好也是你喜歡的事，你會想要做好、做得精緻、做到極致。一旦你能做好做精緻，每個工作歷程就能變成人生的代表作，產生「成就感」；而成就感會是我們自我成長的底層動能。

你想想，如果職場上，你是一個有成就感又願意投入時間、心力不斷提升自己的人，但同事卻是個回到家只想逃避、只想最不費力來餬口的人，那等十年過去、二十年過去，你們的成就必然會天差地遠。

這也是在這本書的最後，我想鼓勵你的：**請務必別把職場只當成營生的手段，職場該是你成就自我的途徑**。

因為唯有如此，你才會有餘裕去看懂局、才會重視自己的每個選擇、才會定出高的目標、也才有辦法把自己當成一間公司來經營。

但要做到這一切的前提，都要先理解自己是誰、擅長什麼、有什麼優勢、又能如何比別人更輕鬆地獲取成就感，並讓成就感變成你與他人的競爭差異。如果這能達成，你就能超越所有人並樂在其中。

所以請務必找出你的長處、洞悉你的天賦，以此定出長期的人生策略，那你就能真正地享受職場。

但如果你始終不知道自己真正的天賦熱情在哪裡，甚至從來沒有在工作裡獲得快樂，那我最後要給的建議就是：你可以參加我們一場講座，叫做「尋找天賦與熱情的系統化做法」。

在這講座會詳細闡述為何天賦熱情對大家這麼重要，以及你又該如何自我探索。這或許能讓你找到結合工作與成就感的方法，並大幅改善你的職涯旅程。

以上三點是我在本書最後想給大家的建議。

如果你能把這三點放在心中並時時做到，那我相信無論多少年過去，你都不會遭遇職涯危機。而且你若能讓自己持續增長、讓自己享受工作、讓自己人際圓融，持續地投入以提升自己，我相信，等到日後回頭來看，你會發現自己的職涯有所成就，甚至人生也能了無遺憾了！

如果你想持續進修，歡迎到大人學網站查看這三堂課的詳情：

穩定增長	用經營公司的思維經營你的人生	
人際關係	職場大人學：職場人際關係與優勢策略	
享受工作	尋找天賦與熱情的系統化做法	

張國洋　二〇二三年

國家圖書館出版品預行編目資料

大人學破局思考：從關鍵小事看出職場大局【Apple Podcast 年度熱門節目】/ 姚詩豪，張國洋作. -- 初版. -- 臺北市：三采文化股份有限公司，2023.06
面； 公分. -- (iLead)
ISBN 978-626-358-084-8(平裝)

1.CST: 職場成功法

494.35 112006279

◎書腰作者照片提供：姚詩豪、張國洋

suncolor 三采文化集團

iLead 11

大人學破局思考：

從關鍵小事看出職場大局【Apple Podcast 年度熱門節目】

作者｜ 姚詩豪 Bryan、張國洋 Joe
編輯四部 總編輯｜王曉雯 資深編輯｜王惠民 特約編輯｜姜釣
美術主編｜ 藍秀婷 封面設計｜方曉君 版型設計｜方曉君
內頁編排｜ 新鑫電腦排版工作室 校對｜蔡侑達
行銷協理｜ 張育珊 行銷企劃主任｜陳穎姿

發行人｜ 張輝明 總編輯長｜ 曾雅青 發行所｜ 三采文化股份有限公司
地址｜ 台北市內湖區瑞光路 513 巷 33 號 8 樓
傳訊｜ TEL:8797-1234 FAX:8797-1688 網址｜ www.suncolor.com.tw
郵政劃撥｜ 帳號：14319060 戶名：三采文化股份有限公司
初版發行｜ 2023 年 6 月 30 日 定價｜ NT$460
5 刷｜ 2023 年 10 月 20 日